아이의 인생을 좌우하는
칭찬의 기술

진짜
칭찬

| 일러두기 |

이 책은 2011년에 담소에서 발행한 《내 아이를 망치는 위험한 칭찬》의 전면 개정본입니다.

아이의 인생을 좌우하는
칭찬의 기술

진짜
칭찬

정윤경, 김윤정 지음

SOULHOUSE

　　우리나라 부모들을 대상으로 칭찬 실험을 한 적이 있습니다. 아이들이 그림을 그리거나 줄넘기를 하는 모습을 보고 자유롭게 칭찬을 해보도록 했습니다. 저는 이 실험을 통해 부모들이 자녀에게 칭찬하는 것을 얼마나 어려워하는지, 그리고 칭찬을 제대로 하지 못한다는 사실을 다시금 확인할 수 있었습니다. 대부분의 부모는 "잘했어.", "우리 아들 최고!", "와, 멋있다."와 같은 칭찬을 했지만, 이는 '뭘 잘했고 그것이 왜 좋은지'에 대해 아무런 정보도 주지 않는 막연한 축하일 뿐입니다. 답답한 연구진들이 좀 더 하실 말씀이 없냐고 부모들을 부추기자 어떤 엄마는 고민 끝에 아이를 덥석 안으며 "우리 딸, 사랑해." 하며 위기(?)를 모면하기도 했습니다.

　　왜 우리는 그 좋은 칭찬을 어색해하고 잘하지 못할까요?

　　아마도 우리 자신이 자라는 과정에서 부모님께 칭찬을 잘 받지 못했기 때문일 것입니다. 겸손해야 하고 나를 낮춰서 다른 사람을 불편하지 않게 하는 것을 미덕으로 여기는 문화에 익숙해진 나머지 내 아이를 다른 사람 앞에서 칭찬하거나 좋은 점을 말하는 것을 불편해하는 경우가 많습니다. 내 아이에 대한 칭찬이 다른 사람에게 불편함이나 자격지심을 줄 수 있다는 생각이 앞서는 것이지요.

게다가 학계에서 칭찬이 오히려 아이 마음을 건강하게 키우는 데 독이 될 수 있다며 칭찬의 역효과를 입증한 것도 한 이유가 될 것입니다. 본문에서 다루겠지만 잘한다고 했지만 본전도 찾지 못하고 아이에게 불안함이나 부담만 주는 역기능적 칭찬이 있으니까요. 과도한 칭찬을 받은 아이들은 부정행위를 해서라도 자신의 능력을 증명해 보이려 했고, 똑똑하다는 칭찬을 받은 아이들은 새롭고 어려운 과제에 도전하는 것을 꺼렸습니다. 칭찬에 보상이 함께 주어진 경우, 아이들은 보상만을 위해 의미 없는 반복적 행동을 했을 뿐만 아니라 보상이 없어졌을 때는 그러한 행동조차 하려 하지 않았습니다. 칭찬이 기쁨과 열정의 메시지로 다가온 것이 아니라 평가를 받고 있다는 부담으로 다가왔기 때문입니다.

이런 연구와 강의를 하는 전문가로서 저는 부모님들께 더 큰 부담을 주고 있는 것 같아 죄송스럽기도 하고 안타까운 마음이 들었습니다. 무엇보다 그렇지 않아도 칭찬에 인색한 우리나라 어른들이 아이들에게 칭찬하기를 더 꺼릴까 봐 걱정되었습니다. 사실 칭찬은 참 좋은 것이거든요. 칭찬은 아이에게 부모의 관심과 인정을 전달해 관계를 돈독하게 하고 자신감과 주도성을 키우고 학습 능력을 증진하는 최고의 도구입니다. 칭찬은 자신이 하고 있는 일의 가치를 알게 하고, 더 열심히 노력하도록 힘을 불어 넣어주며, 새로운 것에 도전하고자 하는 열정을 줍니다. 칭찬만큼 아이를 크게 키우는 것도 없고, 칭찬만큼 아이를 행복하게 만드는 것도 없습니다. 그러니 스스로 주도적으로 일을 시작하고 그 일에서 뭔가를 성취하는 것이 기뻐서 꾸준히 노력할 수 있을 만큼 성장하기까지는 반드시 칭찬이 필요합니다.

다만 칭찬을 잘못하면 안 하느니만 못한 결과를 초래할 수 있으니 보다 현명하고 보다 효율적인 칭찬법을 터득할 수 있었으면 좋겠습니다.

이 책을 통해서 저는 칭찬의 역효과를 주장하기보다는 왜 그런 역효과들이 나타났는지를 설명하면서 부모님들과 소통하기를 원합니다. 또 하루하루 자라나는 아이들의 마음이 칭찬을 통해 아름답게 성숙해 나가기 위해서 어떤 노력을 해야 하는지에 대해 함께 고민해보고자 합니다. 더불어 칭찬을 하는 어른들의 마음가짐, 실제로 유용한 칭찬의 말, 아동 발달 단계와 아이의 성향에 따라 고려해야 할 칭찬의 기법도 함께 정리해 보았습니다. 이 책을 통해 아이에게 아름다운 미래를 선물하고 싶어 하는 많은 부모가 현명한 칭찬의 기술을 습득할 수 있으면 좋겠습니다.

2021년 4월 정윤경·김윤정

차례

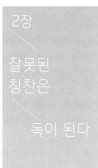

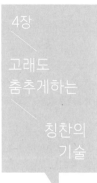

칭찬은 상대방을 기분 좋고 자랑스럽고 행복하게 만든다.
만약 칭찬의 대상이 내 아이라면 그것의 효과는
더욱 중요한 의미가 있다. 부모에게 받은 칭찬은 아이에게
당면 과제를 헤쳐 나갈 수 있는 힘과 용기를 주기 때문이다.

1장

칭찬이

내 아이를 키운다

코시니(Corsini)라고 하는 유명한 심리치료사가 있었다. 그가 교도소에서 임상심리학자로 일하고 있던 어느 날 한 수감자가 찾아왔다. 그 수감자는 며칠 뒤에 가석방되는데, 그것이 코시니 박사 덕분이라며 감사의 말을 전했다. 약 2년 전 자신이 코시니 박사로부터 심리 검사를 받으면서 상담을 진행했는데, 그때 박사에게서 받은 칭찬이 그를 모범수의 길로 이끌었다는 것이었다.

코시니 박사는 어리둥절할 수밖에 없었다. 얼굴조차 가물가물한 사람이 자신 덕분에 가석방되었다니, 코시니는 자신이 어떤 칭찬을 했었는지 궁금해졌다. 슬쩍 물어보니 그는 이렇게 대답했다.

"박사님께서 제게 지능이 우수한데 왜 좀도둑질을 하면서 사느냐고 물으셨잖아요."

그 수감자는 어렸을 때부터 바보라는 소리만 들어왔던 터라, 바보가 공부는 해서 뭐 하냐는 심정으로 다니던 학교를 중퇴했다. 그 뒤 이런저런 소일거리로 입에 풀칠을 하며 지내다가 마침내 도둑질까지 하게 된 것이었다. 그런 그에게 지능이 좋다는 코시니 박사의 칭찬은 한 줄기 빛과도 같았다. 자신도 무엇인가 할 수 있는 존재라는 믿음이 생기자, 그때부터 새 삶을 살기 위해 교도소 안에서 공부하고 기술을 배우기 시작했다. 그러고는 마침내 가석방되는 기쁨을 누릴 수 있었다. 이 이야기는 칭찬 한마디가 사람에게 미치는 영향을 극명하게 보여준다.

칭찬의 놀라운 힘

옛 속담에 책망은 몰래 하고 칭찬은 알게 하랬다. 그만큼 칭찬은 상대방을 기분 좋고 자랑스럽고 행복하게 만든다. 칭찬의 대상이 내 아이라면 그것은 더욱 중요한 의미가 있다. 부모에게 받은 칭찬은 자신 앞에 놓인 어려운 과제를 헤쳐 나갈 수 있는 힘과 용기를 주기 때문이다. 그러나 칭찬이 모든 아이에게 똑같은 영향을 주는 건 아니다. 칭찬의 내용과 정도, 분위기에 따라 그 위력이 조금씩 차이가 난다. 어떤 칭찬은 미미한 힘과 용기를 주고, 어떤 칭찬은 충분한 힘과 용기를 주며, 또 어떤 칭찬은 무한한 힘과 용기를 주기도 한다.

칭찬은 그야말로 놀라운 힘을 가지고 있다. 그냥 단순히 우리에게 '하면 좋은 것'이라는 평가를 받기에는 그것이 가진 무한한 재주가 아까울 정도이다. 고래도 칭찬을 받으면 춤을 추고, 사랑의 말과 칭찬의 말을 들은 물의 결정은 그렇지 못했을 때와는 확연히 다르게 아름다운 모습을 보인다고 하니 칭찬의 효과는 사람을 뛰어넘어 모든 자연에게 적용된다고 해도 과언이 아니다.

동기를 자극하는 언어적 보상, 칭찬

칭찬을 한마디로 정의하자면 '동기를 자극하는 언어적 보상'이라고 할 수 있다. 그러므로 칭찬은 권장할 만한 어떤 행위를 연속시키는 자극의 한 방법이 된다. 또한 칭찬은 어떤 활동을 했을 때 그것이 바람직한가 아닌가를 알려주는 피드백이 되기도 한다.

어떤 행위를 하는 데 자극을 주기도 하고, 또 그 행위에 대한 피드백으로 받아들여지기 때문에 칭찬은 아이가 어떤 행동을 하는 데 있어 처음이자 끝이라고 할 수 있다. 그러니 칭찬을 받고 자란 아이와 칭찬을 받지 못한 아이 간에 모든 면에서 뚜렷한 차이점이 나타나는 것이 당연하다. 그렇다면 조목조목 알아보지 않을 수 없다. 칭찬이 아이들에게 미치는 크나큰 영향을.

칭찬은

자기효능감을
높인다

긍정적이고 진취적인 아이가 되려면 무엇보다 자신감이 필요하다. 우리가 칭찬을 최고의 미덕이라고 생각하기 시작한 것 역시 아이들에게 가장 중요한 요소가 자신감이라는 것을 알기 시작한 순간부터였을 것이다. 칭찬과 자신감은 정비례 관계라 알려져 있기 때문이다.

그런데 최근에는 자신감 못지않게 자기효능감에 관한 관심이 지속해서 커지고 있다. '자기효능감'은 무엇이며, '자신감'과는 어떤 차이가 있는 걸까? '자신감'과 '자기효능감'은 언뜻 비슷한 의미로 다가오지만 미묘한 차이점을 발견할 수 있다. 자신감이 '자신에 대해서 전반적으로 갖는 긍정적인 기분 또는 평가'라면, 자기효능감은 '구체적인 영역에서 자기에 대한 높은 평가'와 '잘할 수 있다는 강한 의지'를 포함한다. 가령 '나는 수영을 잘할 수 있다.'든지 '나는 어려운 수학 문제도 잘 풀 수 있다.'와 같이 더 구체적인 영역에서 자기 능력에 대해 자신감을 가지고 있는 것을 '자기효능감'이라고 정의한다.

아이들에게는 '나는 뭐든지 잘할 수 있다.', '나는 성공할 수 있다.', '이번에도 잘 해낼 수 있을 것이다.'라는 막연한 자신감보다는 '나는 무엇을, 어떠한 이유로 잘할 수 있을 것이다.'와 같은 명확하고 구체적인 자기효능감이 필요하다. 자기효능감이 높은 아이들은 재미없고 어려운 과제라도 오랫동안 시도하고, 결과에서도 긍정적인 평가를 받는다. 또한 설령 실패를 하더라도 좌절하지 않고 다시 최선을 다한다.

긍정적인 마음가짐이 자기효능감을 높인다

같은 능력을 갖추고 있다고 하더라도 자기 자신의 능력을 믿는 아이들은 더 좋은 결과를 가져올 수 있다. 이러한 결과는 성격심리학자인 콜린스(Collins)의 연구를 통해 확인할 수 있다. 콜린스는 아이들을 수학 능력에 따라 3단계 수준으로 구분한 뒤 문제를 수행하는 능력을 검사했다. 이때 아이들이 가지고 있는 기본적 수학 능력뿐만 아니라 자신의 수학적 능력에 대해 자기 자신이 어떻게 평가하고 있는지도 평가 점수에 반영했다.

이 연구를 통해 콜린스는 같은 수학적 능력을 갖추고 있다 하더라도 자기효능감이 높은 아이들이 자기효능감이 낮은 아이들에 비해 훨씬 좋은 점수를 받는다는 사실을 확인할 수 있었다. 자신의 능력을 의심하는 아이들은 비록 높은 능력을 갖추고 있더라도 그에 상응하는 좋은 점수를 얻지 못했다.

자기효능감이 높은 아이들은 어려운 과제를 맞닥뜨렸을 때 그것을 잘 해결할 수 있다는 긍정적인 마음가짐 덕분에 자신이 가진 능력이나 기술을 생산적으로 활용할 수 있다. 더군다나 이러한 아이들은 과제를 수행할 때 즐기는 마음으로 편안하게 임하기 때문에 평가에 대한 스트레스를 극복하고 필요한 능력이나 기술을 유연하게 활용하는 것이 가능하다.

반면 자기효능감이 낮은 아이들은 자신의 능력과 가능성에 대해 비판적으로 생각하기 때문에 무언가를 시도하기 어려워한다. 또한 실패를 경험하면 절망의 나락으로 떨어지곤 한다. 극단적인 경우에는 자신은 그 무엇도 해낼 수 없으므로 실패할 수밖에 없다는 학습된 무기력에 빠지기도 한다.

자기효능감이 전혀 없는 아이들이 어떠한 파국에 이르게 되는지는 미국의 심리학자인 셀리그먼(M. Seligman)의 학습된 무기력에 대한 실험에서 극단적으로 나타난다. 셀리그먼은 건강한 개 24마리를 세 집단으로 나누어 사방이 막혀 있는 상자에 가두고 전기 충격을 주었다. 첫 번째 집단의 개들은 상자 안에 있는 버튼을 누르면 전기 충격을 멈출 수 있도록 하였고, 두 번째 집단의 개들은 어떻게 하더라도 절대로 전기 충격을 피할 수 없는 상황에 두었다. 마지막 세 번째 집단의 개들은 아무런 전기 충격도 주지 않았다.

24시간이 흐른 뒤 세 집단의 개 모두를 가운데 있는 담을 넘으면 전기 충격에서 벗어날 수 있는 상자로 옮겼다. 관찰 결과 첫 번째 집단과 세 번째 집단의 개들은 담을 넘어 전기 충격이 없는 곳으로 이동했으나 두 번째 집단의 개들은 담을 넘을 생각은 하지 않고 구석에 웅크리고 앉아 전기 충격을 고스란히 견뎌내고 있었다. 어떤 방법으로도 전기 충격을 피할 수 없던 상황을 경험한 두 번째 집단의 개들은 전기 충격을 피할 수 있는 조건에 놓이더라도 도망치려는 시도조차 하지 않는 충격적인 결과를 보인 것이다. 셀리그먼은 이것을 가리켜 '학습된 무기력'이라고 하였다.

학습된 무기력에 빠진 아이는 어떤 과제를 줬을 때 시도도 하지 않고 포기해 버린다. 만약 그 아이가 학생이라면 학습된 무기력은 거의 재앙에 가까운 일이 아닐 수 없다.

자기효능감과 칭찬의 관계

자기효능감은 보통 아동기 중기(만 8~10세)에 중요한 발달을 이루는 것으로 알려져 있다. 그런데 많은 연구를 통해 자기효능감을 높이는 데 칭찬이 큰 역할을 하고 있다는 것이 알려졌다. 칭찬을 많이 듣고 자란 아이들은 긍정적인 자아상이 만들어지고 어떤 일을 반드시 이루고야 말겠다는 내적 의욕, 즉 성취동기가 한껏 높아지기 때문이다. 많은 연구자와 교육자들이 연구를 통해 칭찬과 자기효능감을 연결해 내린 결론도 이를 뒷받침해준다. 미국의 교육학자인 세러피노(Serafino)는 초등학교 4학년 아이들에게 문장 완성에 대한 과제를 제시했을 때 칭찬을 받은 아이들이 그렇지 못한 아이들에 비해 더 많은 문제를 푼다는 사실을 알아냈다. 또한 자기효능감에 대한 대표적 연구자인 캐나다의 사회심리학자 앨버트 밴두러(Albert Bandura)는 칭찬이 자기효능감을 고양한다고 주장했으며, 덱트와 리안(Dect & Ryan)은 칭찬이 역량과 자율성을 강화한다고 발표했다.

카민스와 드웩(Kamins & Dweck)은 여기서 한발 더 나아가 칭찬의 내용에 따라 아이의 자신감이나 자기효능감에 미치는 영향이 달라진다는 사실을 밝혔다. 이에 대해 좀 더 자세히 알기 위해서는 '귀인 양식'에 관해 살펴봐야 한다. '귀인'이란 원인을 추론하는 과정을 말한다. 인간은 본능적으로 모든 상황을 설명하고 싶어한다. 다시 말해 어떤 일이 벌어졌을 때 그것이 왜 일어났는지 알고 싶어하기 때문에 그 결과를 발생시킨 원인을 추론해야 직성이 풀린다. 그것이 성공한 결과든 실패한 결과든 상관없이 모든 원인을 추론하려고 하는 본능이 있는 것이다.

그런데 사람에 따라 귀인을 하는 방법이 다르다. 원인을 추론하고자 하는 것은 본능이지만 어떤 방식으로 추론하느냐는 학습을 통해서 후천적으로 일어나기 때문이다. 그래서 원인이 나에게 있느냐 다른 사람에게 있느냐, 혹은 운처럼 내가 통제할 수 없는 것이냐, 나의 노력으로 통제하고 변화시킬 수 있느냐 등을 결정하는 것은 그 사람의 경험과 학습에 따라 완전히 다르게 나타난다. 이런 귀인의 방식은 성격의 한 부분이 되어 실패와 성공, 위기와 적응에 대처하는 중요한 특성이 된다.

앞에서도 이야기했듯이 인간은 실패든 성공이든 본능적으로 그 원인을 추론하고자 한다. 그렇다면 여기에서 한번 생각해볼 문제가 있다. 과연 어떤 일이 실패로 돌아갔을 때 그 원인을 자기가 통제할 수 있는 부분에서 찾는 경우와 자기가 통제할 수 없는 부분에서 찾는 경우 중 어느 쪽이 자기효능감을 키워줄 수 있을까?

실패의 원인을 찾을 때 대다수는 통제할 수 없는 부분이 실패를 초래했기를 바란다. 실패를 했다는 것은 유능하지 않다는 뜻인데, 자신이 통제할 수 없는 부분에서 문제가 발생했다면 무능하다는 평가에서 비껴갈 수 있기 때문이다.

그러나 그것은 잘못된 생각이다. 와이너(Weiner)에 의하면 일반적으로 통제 가능한 것으로 귀인하는 경우가 통제 불가능한 것으로 귀인하는 경우보다 자기효능감을 높이는 데 훨씬 더 효과적이라고 한다.

아이가 실패를 경험한 뒤 그 원인을 통제 가능한 것, 예를 들어 충분히 연습하지 않은 것으로 귀인하면 좌절하기보다는 새로운 노력을 하려는 경향을 보이지만, 실패의 원인을 통제가 불가능한 것, 즉 능력이나 지능에 귀인하면 쉽게 좌절하고 어려운 것에 도전하지 않으려는 무기력감에 빠지는 것이다. 이것이 오랫동안 지속되면 아이는 학습 능력에 심한 손상을 입게 된다.

여기에서 유념해야 하는 것은 귀인을 하는 방법은 타고나는 것이 아니라 부모의 격려와 꾸중, 그리고 칭찬에 의해서 형성된다는 사실이다. 그와 동시에 무조건 칭찬을 많이 늘어놓는다고 해서 아이의 자기효능감이 높아지고 성공과 실패의 원인을 통제 가능한 것에서 찾는 바람직한 결실을 보이는 것은 아니라는 것도 알아야 한다. 아이의 자기효능감을 높이는 칭찬이 있는 반면 오히려 학습된 무기력에 빠지게 만드는 칭찬도 있기 때문이다. 이에 대해서는 2장에서 자세히 다룰 것이다.

공부를 진짜 잘하기 위해서는 자기주도 학습이 이뤄져야 한다는 것은 이제 모두가 아는 사실이다. 스스로 이루고 싶은 목표를 만들어 그에 맞는 계획을 세우고 그에 따라 하나씩 실행해 나가는 자기주도성은 학습에서뿐만 아니라 성공적인 삶을 살아가는 데 있어 꼭 필요하다. 그런데 이것은 유능한 학원 선생님이 옆에 붙어 지도한다고 될 일도 아니고, 학습지를 쌓아두고 열심히 문제 풀이를 한다고 해서 이루어질 일도 아니다.

자기주도적인 아이는 실패를 두려워하지 않는다

자기주도성은 사실 그 아이의 고유한 성향이고 습관이다. 그래서 자기주도성이 높은 아이와 자기주도성이 낮은 아이는 어떤 일을 시작할 때 그 태도가 극명하게 갈린다. 자기주도성이 낮은 아이들은 어떤 일을 시작하는 것을 매우 꺼린다. 행여 시작했다고 하더라도 적극적으로 추진하지 못한다. 게을러서 그러는 것은 아니다. 자신의 능력을 불신하거나 완벽해야 한다는 부담감, 잘되지 않으면 어쩌나 하는 걱정이 뒤범벅되어 주도적으로 일을 추진하지 못하는 것이다.

반면 자기주도성이 높은 아이들은 실패에 대한 염려나 남들의 시선에 대해 부정적 태도 없이 자기가 해야 할 일에 대해 스스로 계획하고 자신 있게 진행한다. 보통 어떤 과제를 줬을 때 정해진 시간 안에 완벽하게 마치는 것을 능력으로 한정하지만, 사실 두려움 없이 어려운 과제에 도전하는 것도 중요한 능력 중 하나다. 그런 면에서 자기주도성이 높은 아이들이 가장 이상적인 인재형으로 평가받는 것이다.

긍정적인 태도가 자기주도성을 키운다

자기주도성을 키울 때 가장 중요한 것, 그리고 가장 먼저 시작해야 하는 것은 당연히 '자신이 달성하고 싶은 목표는 무엇이며 목표를 위해 무엇을 해야 하는지 파악하는 것'이다. 그에 대한 구체적인 계획을 스스로 세우는 것은 그다음 일이다. 말은 쉽지만, 아이들이 자기 일을 스스로 시작하고 계속해서 진행하는 것은 여러 가지 마음의 힘이 합쳐져야만 가능한 일이다. 이때 가장 중요한 것은 내가 그것을 잘 해낼 수 있을 거라는 자기 확신과 만약 실패하더라도 전혀 두려울 것이 없다는 긍정적 태도이다.

이러한 태도를 만드는 것이 칭찬이다. 칭찬은 바람직한 행동에 대한 정적 강화(행동을 더욱 빈번하게 만드는 보상)가 되기 때문에 이 모든 요구치에 대해 바람직한 자극이 될 수 있다. 무엇보다 적절한 칭찬을 받고 자란 아이들은 자기가 해야 할 일을 알고 때가 되면 기분 좋게 과제에 임한다.

또한 칭찬은 아이가 무엇을 해야 하는지에 대한 정보를 준다. 칭찬은 아이의 바람직한 행동에 대한 피드백이므로, 칭찬을 듣는 와중에 아이들은 자신의 어떤 목표를 성취하기 위해 반드시 수행해야 할 과제에 대해 깨닫고 그것을 이루기 위해 참고 견뎌야 하는 행동을 변별할 힘이 생긴다.

마지막으로 칭찬은 아이들의 자기효능감을 극대화하는데, 자기효능감은 자기주도성과 긴밀한 관계가 있다. 자기가 하고자 하는 과제를 실제로 얼마나 잘 수행할 수 있는지에 대한 긍정적 태도, 즉 자기효능감이 높은 아이들은 어떤 일에 도전하고 꾸준히 시도해 나가는 것을 두려워하지 않는다. 자신의 능력을 믿기 때문에 당연히 실패에 대한 불안감이 낮으며, 만약 실패하더라도 좌절하지 않고 또다시 시도하려는 강한 승부욕을 보이기도 한다. 이처럼 칭찬으로 얻어진 자기효능감은 자기주도성으로 이어진다.

칭찬은

성취동기를
키운다

대한민국 부모라면 대부분 내 아이가 공부 잘하는 아이로 성장하기를 바랄 것이다. 그런데 아이의 학업성적을 입소문 난 학원이나 고액 과외, 유명 학습지에 의존하는 것은 단편적인 방법일 뿐이다. 궁극적으로 아이의 학업성적을 좌우하는 것은 바로 '목표'이다. 목표를 세우고 그 목표를 이루기 위해 꾸준히 노력하며 그 목표가 제대로 달성되었는지를 확인하는 과정을 통해 아이는 실력을 키우고 부족한 점을 깨닫게 된다. 그러므로 목표가 없이는 어떤 일도 제대로 해낼 수가 없다.

목표를 세우고 실천할 때 가장 중요한 성공 열쇠가 바로 '성취동기'이다. 성취동기는 '어떤 일을 이루고 말겠다는 내적 의욕'으로, 자신이 세운 목표를 '해야 하는 것'이 아닌 '하고 싶은 것'으로 만드는 데 결정적인 역할을 한다. 그래서 성취동기가 강한 사람들은 보상이라든지 결과에 연연하지 않고, 그 목표를 이루는 과정 하나하나를 즐기는 모습을 보인다.

성취동기가 왜 성공과 실패를 결정할까?

성취동기를 가진 사람들은 그렇지 않은 사람과는 다른 특징적인 면모를 가지고 있다. 우선 '과업 지향적'인 모습을 보인다. 과업 지향적이라는 것은 '내가 하고 있는 일 자체에 집중하고 관심을 둔다'는 뜻이다. 만약 내 아이가 어떤 목표를 세워 실천할 때 엄마·아빠가 있을 때만 열심히 하는 척을 하고 엄마·아빠가 보지 않으면 열심히 하지 않는다면 아이가 '과업 지향적'이 아니라 '관계 지향적'이라고 보면 된다. 목표 자체에 집중하는 것이 아니라 권력을 가진 사람에게 잘 보이기 위해 행동하는 것이기 때문이다.

성취동기를 가진 사람들의 또 다른 특징은 적절한 모험심이 있다는 점이다. 이것은 어쩌면 당연한 일일지도 모른다. 자신에게 주어진 목표를 달성하기 위해서는 어느 정도의 위험성과 불확실성을 감당해야 하는 모험을 선택할 수밖에 없기 때문이다.

게다가 성취동기가 강한 사람은 결과에 대해 스스로 책임을 지는 모습을 보인다. 내 의지에 의해서, 내 계획에 의해서 진행한 일이니 결과에 대해서도 내가 책임을 져야 한다는 자세를 보이는 것이다. 그렇다고 실패에 좌절하지도 않는다. 내가 충분히 노력하면 잘 해낼 수 있다는 자기효능감과 자

신감이 있으므로 실패에도 좌절하지 않을 뿐만 아니라 새롭게 도전하는 것
도 주저하지 않는다.

부모의 격려가 성취동기의 결정적 역할을 한다

이처럼 성취동기는 인생을 살아가는 데 있어 매우 중요한 핵심 요소이다.
그리고 아이에게 그 중요한 성취동기를 불러일으키는 것이 바로 부모의 격
려와 칭찬이다. 부모의 따뜻한 격려와 아낌없는 칭찬을 받고 자란 아이들은
어떤 일을 할 때 스스로 할 수 있다는 자신감을 가지며, 지금보다 더 잘하고
싶다는 욕구를 갖게 된다. 또 어떤 일에 대해 만족스러운 결과를 얻었을 때
그것을 칭찬하는 부모의 말은 아이에게 강한 성취감을 느끼게 한다. 그래서
한번 칭찬받은 행동은 반복해서 하는 경향을 보이기도 한다.

부모의 정서적 지지와 아이의 성취동기 간에 직접적 관련성이 있음을 보
여주는 연구 결과도 많다. 딸에게 세심한 배려를 해주고 성취한 일에 대해
자주 칭찬하고 격려하는 아버지는 딸의 성취동기를 강화한다는 연구 결과
가 발표된 바 있고, 부모의 온정적이고 긍정적인 양육 태도가 아이의 성취
동기와 높은 관련이 있다는 연구 결과도 발표된 바 있다. 반대로 거부적이
거나 통제적 양육 태도를 가진 부모 밑에서 자란 아이들은 낮은 성취를 보
인다는 연구 결과도 있다.

자신이 정한 원칙과 기준을 아이에게 강요하는 통제적인 부모가 되느냐,

아이의 정서를 충분히 공감하면서 아이의 입장을 지지하고 격려하는 긍정적인 부모가 되느냐는 물론 개인의 선택이다. 그러나 그것이 아이의 성취동기에 미치는 영향을 감안한다면 옳은 선택은 당연히 후자일 것이다.

칭찬은 바람직한 목표지향성을 갖게 한다

아이들은 저마다 성취의 상황에서 어떠한 '목표 지향성'을 갖게 된다. 목표지향성은 '내가 어떤 일을 왜 하느냐에 대한 자신의 생각이나 태도'이다. 어떤 것을 성취하기 위해 목표를 세울 때 극명하게 갈리는 지점이 있다. 바로 '평가 목표'를 세우느냐, '학습 목표'를 세우느냐이다. 대부분의 사람들은 이 두 가지 중 하나로 목표의 방향을 잡는다.

평가 목표를 설정하는 사람의 경우 모든 과제를 자신의 능력이나 적성이 해결한다고 생각한다. 그래서 어떤 일을 성공적으로 수행하는 것을 자신의 능력이나 적성을 인정받는 계기로 여긴다. 반면 학습 목표를 설정하는 사람은 과제 수행 과정을 자신의 능력이나 적성을 계발하고 학습하는 기회로 여긴다. 따라서 평가로부터 상대적으로 자유롭다.

과연 이 둘 중에 좀 더 충실하게 과제를 수행하는 쪽은 어떤 사람일까? 당연히 후자다. 학습 목표를 가진 사람은 과제를 수행하는 과정 자체를 즐기며 그 속에서 많은 교훈과 정보를 얻길 바란다. 그러나 평가 목표를 가진 사람에게 중요한 것은 과정도 정보도 교훈도 아닌 오직 점수와 같은 결과뿐이다. 점수가 높아야 내가 똑똑하고 잘난 사람이라는 것을 증명할 수 있기 때문이다.

앞서 성취동기를 불러일으키는 데 결정적인 역할을 하는 것이 부모의 격려라고 언급했다. 그리고 아이를 학습 목표를 가진 아이로 만드느냐, 평가 목표를 가진 아이로 만드느냐 역시 부모의 칭찬이 크게 좌우한다. 그런데 여기에는 좀 더 복잡한 문제가 끼어든다. 단지 칭찬을 하느냐 안 하느냐, 많이 하느냐 적게 하느냐에 대한 문제가 아니라 진짜 칭찬을 하기 위해서는 특별한 기술이 필요하기 때문이다. 내 아이를 남들에게 좋은 평가를 받기 위해 공부하는 불행한 공붓벌레가 아니라 스스로 배움의 즐거움을 터득하면서 문제를 해결해 나가는 창의적 인재로 키우려면 진짜 칭찬의 기술을 익혀야 한다.

'자기통제력'은 '자신의 목표를 추구하기 위해 현재의 좌절이나 순간순간 일어나는 충동을 억제하고, 목표를 달성하기 위해 자신을 다스리는 능력'을 말한다. 우리가 아이들에게 빈번하게 요구하는 태도 중 하나가 바로 인내심이나 참을성인데 바로 이러한 것들이 자기통제력과 비슷한 의미라고 보면 된다.

자기통제력은 아이의 현재와 미래를 결정한다

자기통제력은 아이들의 현재에 커다란 영향을 끼친다. 놀고 싶은 충동, 대충하고 빨리 끝내고 싶은 충동, 어떤 물건을 가지고 싶은 충동, 어디론가 가고 싶은 충동 등 시도 때도 없이 아이들을 유혹하는 충동에 대항할 수 있는 힘이 바로 자기통제력이기 때문이다. 그래서 자기통제력이 높은 아이들은 놀고 싶은 충동이 일어나더라도 당장 해야 하는 숙제나 과제, 심부름을 먼저 하려고 하고, 갖고 싶은 물건을 살 수 있을 만큼의 돈이 주머니에 있더라도 그것을 기꺼이 저금통에 넣는다. 자기통제력이 부족한 아이들은 그 반대의 결과를 생각하면 된다.

그런데 현재뿐만이 아니다. 자기통제력은 아이의 미래를 좌우하는 잣대가 되기도 한다. 여기에서는 그 유명한 '마시멜로 실험'을 예로 들 수 있다. 미국 스탠퍼드대학교의 월터 미셸(Walter Mischel) 박사는 달콤한 마시멜로를 가지고 4~5세의 아이들을 대상으로 실험을 했다. 아이의 책상 앞에 마시멜로를 하나 올려놓은 뒤, 아이에게 마시멜로를 당장 먹어도 되지만 실험자가 15분 뒤에 다시 돌아올 때까지 먹지 않고 참으면 마시멜로를 하나 더 주겠다는 제안을 한 것이다. 이것은 '만족지연'을 통해 자기통제력을 알아보고자 했던 실험이었다. 만족지연이란 '더 큰 것을 얻기 위해 눈앞의 유혹에 급급하지 않고 얼마만큼 참을 수 있는가'를 뜻한다.

이 실험 결과는 마시멜로를 당장 먹어버린 아이들과 참고 기다렸다가 하나를 더 얻은 아이들로 나뉘었다. 자기통제력이 약한 아이들은 조금만 참으면 두 배나 되는 마시멜로를 먹을 수 있다는 사실을 잘 알면서도 눈앞에 놓인 마시멜로의 유혹을 참지 못하고 당장 먹어버렸다. 반면 자기통제력이 강한 아이들은 눈앞에 놓인 마시멜로가 너무 먹고 싶었어도 한 개를 더 얻기 위해서 유혹을 이겨냈다.

이후 미셸 박사는 이 실험에 참여했던 아이들의 SAT 점수를 추적해 보았다. 그랬더니 15분을 참았다가 마시멜로를 하나 더 얻었던 아이들의 SAT 평균 점수가 그렇지 못한 아이들보다 무려 210점이나 높았고 문제 해결이나 계획 수행 능력 등에서도 훨씬 뛰어난 결과를 보였다는 것을 알아냈다. 이처럼 만족지연능력과 자기통제력은 당장 보이는 현실뿐만 아니라 미래의 결과를 좌우하는 중요 요소가 된다.

잔소리로는 아이의 자기통제력을 키울 수 없다

실제로 문제 아동이나 비행 청소년의 경우 자기통제력을 상실한 경우가 많다. 이들은 공부가 하기 싫으면 안 하고 학교에 가기 싫으면 안 간다. 집에 있기 싫으면 가출을 하고, 누군가가 마음에 안 들면 시비와 싸움을 건다. 무엇을 하고 싶으면 그것이 나쁜 일인 줄 알면서도 서슴없이 하고, 무엇을 사고 싶으면 그것을 살 형편이 안 되는 줄 알면서도 일단은 사고 본다. 이것은 자기통제력이 없기 때문이다. 자기통제력이 결여된 아이들에게는 지금 당장 하고 싶은 것이 중요하며 앞으로 일어날 일은 그다지 중요하지 않다. 그러므로 힘든 것이나 싫은 것, 불쾌한 것을 참지 못한다.

이러한 문제 아동이나 비행 청소년에게 긍정적인 피드백인 칭찬, 인정, 격려를 해주었더니 자기통제력과 자기효능감에 긍정적인 영향을 미쳤다는 국

내외 연구 결과가 보고되고 있다. 잘했다고 인정받은 적이 별로 없는 아이들에게 개선된 부분을 칭찬해주고 구체적으로 어떤 부분이 더 개선되어야 하는지를 알려주었더니 아이들의 자기통제력, 자신감, 주도성, 그리고 성인과의 관계 등이 긍정적으로 변화한 것이다. 이처럼 양육자의 긍정적인 피드백은 아이의 자기통제력에 매우 큰 영향을 끼친다.

앞에서 언급한 마시멜로 실험에서 우리가 분명하게 알아둬야 할 부분이 하나 더 있다. 만족을 지연시킴으로써 마시멜로를 두 개 받는 데 성공했던 아이들의 자기통제력은 그냥 타고난 것도 아니고 하루아침에 생겨난 것도 아니라는 사실이다. 그것은 분명 양육 환경이 만들어낸 결과물이었다. 참고 기다리면 원하는 것이 주어질 것이라는 신뢰가 만들어낸 결과이자 참고 기다렸을 때 긍정적인 피드백을 받은 경험이 만들어낸 결과다.

이는 미국 콜로라도대학교의 로라 E. 마이클슨(Laura E. Michaelson)과 무나카타 유코(Yuko Munakata)가 진행한 실험의 결과로도 알 수 있다. 이들은 성인에 대한 신뢰도가 미취학 아동의 만족을 지연시키려는 의지에 어떤 영향을 끼치는지를 실험해보기 위해 신뢰할 수 있는 행동을 한 성인과 신뢰할 수 없는 행동을 한 성인을 각각 실험에 투입했다.

그러자 신뢰할 수 있는 어른이 실험을 진행했을 때에 비해 신뢰할 수 없는 어른이 실험을 진행했을 때는 만족을 지연시키려는 노력을 덜 기울인다는 사실을 밝혀냈다. 신뢰할 수 없는 행동을 한 성인이 실험을 진행할 때는 만족을 지연시키려는 시도를 아예 하지 않거나, 시도하더라도 더 적은 시간을 기다리는 모습을 보인 것이다. 이 실험을 통해 아이의 자기통제력은 사회적 신뢰가 매우 큰 영향을 끼친다는 사실을 알 수 있었다.

그러므로 아이의 자기통제력을 키워주기 위해서는 무언가를 참고 기다리면 좋은 결과가 있을 것이라는 신뢰감을 주는 동시에 바람직한 행동을 했을 때 그 행동을 칭찬해주는 과정이 반드시 동반되어야 한다. 하지만 많은 부모가 아이가 잘했을 때 칭찬하는 것에는 인색한 반면 아이가 못했을 때는 쉽게 잔소리를 내뱉으며 아이와의 신뢰를 무너뜨린다. 어려운 문제를 집중하여 푸는 것은 당연히 여기는 반면 공부를 시작함과 동시에 엉덩이가 들썩이는 아이에게 잔소리를 쏟아붓는 식이다. 그러나 '너는 왜 이리 참을성이 없느냐, 매일같이 놀기만 좋아하다가는 죽도 밥도 안 된다, 인내심 좀 키워라'와 같은 잔소리로는 들썩거리는 아이의 엉덩이를 잠재울 수 없다.

아이의 자기통제력을 높이는 데는 잔소리보다 칭찬의 효과가 더 크다. 그렇다고 해서 공부를 시작하자마자 엉덩이가 들썩이는 아이에게 무조건 칭찬할 수는 없는 노릇이다. 그럴 때는 칭찬할 거리를 찾아야 한다. 아이가 충분히 시행할 수 있는 쉬운 과제를 제시해서 작은 변화가 일어나면 이 부분을 칭찬하는 것이다. 예를 들어 엉덩이가 가벼운 아이 앞에 타이머 시계를 두고 5분간 한 문제를 풀게 하고 이를 제대로 해냈을 때 칭찬을 해주면

10분간 두 문제를 풀 수 있는 힘이 생긴다. 칭찬을 통해 변화된 행동을 강화한 뒤 변화의 폭을 점점 확대해 나가라는 뜻이다. 확대해 나갈 때도 변화된 행동에 대해서 칭찬하는 것은 잊지 말아야 한다. 칭찬만이 변화된 행동을 강화할 수 있다. 그리고 변화된 행동을 유지하는 것도 칭찬의 힘을 빌려야 가능하다.

칭찬이란 상대방의 성공적 행위에 대한 긍정적인 언어 피드백이다. 그러므로 칭찬은 아이가 한 행위가 맞는지 틀리는지에 대한 분명한 대답이 될 수 있다.

매일매일 무언가를 학습하는 아이들에게 칭찬은 자신의 학습 과정이나 학습 결과가 옳은지 그른지를 판단하는 기준이 되기도 한다. 그래서 칭찬은 아이들이 학습의 목표를 세우고 그것을 실행할 때 바람직한 방향으로 안내하는 나침반 역할을 한다. 올바른 학습 방법을 파악한 아이들은 굳이 옳지 않은 학습 방법을 선택하지 않아도 되니 좀 더 효율적으로 공부를 할 수 있다. 이것은 성적 향상, 실력 향상과 곧바로 연결된다. 반대로 생각하면 학습 과정 중에 칭찬을 받지 못한 아이들은 어떤 방법이 적당한지, 어떤 결과가 옳은지 판단할 수 없으므로 무의미한 학습 방법을 이어가게 된다. 그러므로 아이들의 학습 과정과 결과에는 칭찬이 따라야 한다.

도널드 클리프턴(Donald O. Clifton)은 《당신의 물통은 얼마나 채워져 있습니까》(해냄)에서 엘리자베스 허록(Elizabeth Hurlock) 박사의 실험 결과(1925)를 소개했다. 그녀는 수학 수업을 듣는 4학년부터 6학년 학생들을 통해 칭찬이 성적에 미치는 영향을 알아보고자 했다. 허록 박사는 학생들을 네 그룹으로 나누어 첫 번째 그룹에게는 시험 성적이 좋다는 칭찬을 하고, 두 번째 그룹에게는 시험 성적이 좋지 않다고 질책을 했다. 세 번째 그룹은 아무런 칭찬도, 질책도 받지 않은 상태에서 첫 번째 그룹이 칭찬을 받고 두 번째 그룹이 질책을 받는 모습을 지켜보기만 했다. 네 번째 그룹은 대조군으로, 시험이 끝난 뒤 다른 방으로 옮겨져 시험 성적에 대한 평가를 받지 못했다.

각 그룹의 학생들은 5일 동안 계속 수학 문제를 풀었다. 두 번째 날에는 칭찬을 받은 첫 번째 그룹 학생들과 질책을 받은 두 번째 그룹 아이들의 성적이 비슷하게 높았다. 그러나 사흘째, 나흘째에 접어들면서 질책을 받은 두 번째 그룹의 성적이 크게 떨어져 아무런 관심을 받지 못한 세 번째 그룹 학생들의 성적과 비슷한 양상을 보였다. 그리고 실험 마지막 날인 닷새째가 되는 날까지 시험 성적을 회복하지 못했다. 반면 칭찬을 받은 그룹은 높은 성적을 꾸준히 유지했다.

우리나라에서도 이와 비슷한 연구 결과가 있다. 교육과학기술부에서 2008년, 초등 3학년의 기초 학력 진단 결과를 공개했는데, 교사의 칭찬을 항상 듣는다고 대답한 학생들의 평균 점수가 그렇지 않은 학생들에 비해 적게는 1점에서 많게는 9점 정도 높게 나온 것으로 분석됐다고 발표한 바 있다. 칭찬은 그만큼 아이들의 실력 향상과 밀접한 관계를 맺고 있는 것이다.

칭찬을 받은 아이는 자신에게 공감해주는 사람이 있다는 사실, 그 사람이 바로 자신과 가장 가까운 관계에 있는 부모라는 사실로 인해 세상에 대한 안정감과 사람에 대한 신뢰감을 쌓을 수 있다. 그 과정을 통해 아이는 다른 사람과의 관계가 편안해지고 상호 작용을 통해 그 사람으로부터 무언가를 배우고 싶다는 의지가 증가한다. 이것은 곧 원만한 대인 관계로 이어진다.

안정감과 신뢰감에서 애착이 형성된다

대인 관계를 맺는 데 가장 중요하다고 할 수 있는 애착은 기본적으로 둘 사이의 정서적 유대감을 의미한다. 안정되고 건강한 애착을 형성하기 위해서는 나와 상대방의 건전한 상(image)을 가질 수 있어야 한다. 쉽게 말해 나 자신이 능력이 있으며 소중한 존재라는 확신을 갖고 상대방은 내가 필요하다는 신호를 보냈을 때 곧바로 내게 피드백을 줄 수 있는 존재라는 믿음을 가져야 안정적이고 건강한 애착을 형성할 수 있는 것이다.

애착이 불안정한 사람은 나를 못 믿거나, 나는 믿지만 다른 사람들은 믿지 못하거나, 혹은 둘 다 믿지 못한다. 여기서 칭찬은 나와 다른 사람에 대한 신뢰와 능력에 대한 확신을 형성하는 데 중요한 역할을 한다. 칭찬은 자신에 대한 긍정적인 이미지를 갖는 데 필요한 초기 자극이자 상대방이 내게 필요한 긍정적인 피드백과 안정과 격려를 선사하는 믿음직스러운 사람이라는 사실을 인식하게 하는 역할을 한다.

긍정적 시각이 만들어낸 사회적 관계

어린 시절에 부모를 통해 안정적으로 형성된 대인 관계는 이후 다른 중요한 관계에 지속적으로 영향을 준다. 어려서 부모와 안정적 애착을 형성한 아이들은 자기 자신과 다른 사람에 대해 긍정적인 시각을 가지고 사회적 관계를 시작한다. 그리고 이러한 긍정적인 시각은 다른 사람들의 행동을 해석하고 인식하는 데 강력한 힘을 발휘한다. 그래서 어렸을 때 부모와 맺은 안정적 애착은 훗날 친구와의 관계, 직장 상사와의 관계, 연인과의 관계, 부부 사이의 관계를 이루는 뿌리가 된다.

가령 똑같이 칭찬을 받더라도 안정된 애착을 형성한 사람들은 이를 진실로 받아들이고 관계를 개선하는 데 더 많은 노력을 기울인다. 그러나 불안정한 애착을 형성한 사람들은 칭찬의 내용을 믿지 못하고 상대방이 나를 통제하려고 한다고 생각하거나 아부를 한다고 오해를 할 확률이 높다. 남의 칭찬을 받아들일 마음의 준비가 안 되어 있으니 다른 사람을 칭찬하는 데는 더욱 인색하다. 남을 칭찬할 줄도 모르고, 남의 칭찬에는 의심의 눈초리를 풀지 못하는 사람에게 가까이 다가가려고 하는 이는 드물 것이다. 실제로 미국의 심리학자 하잔(Hazan)과 쉐이버(Shaver)는 유아기에 불안정한 애착 관계를 맺은 사람은 이후 부부 관계도 원만하지 못하며 사회적 관계에서도 유능하지 못함을 밝혀냈다.

칭찬은

그 자체로
유의미하다

앞서 이야기한 바와 같이 아이들은 칭찬을 통해 무언가를 시작할 수 있는 힘을 얻고, 자신이 걷고 있는 길이 바람직한지 아닌지를 판단할 수 있으며, 쓰러져도 다시 일어나는 용기를 가질 수 있다.

칭찬은 아이에게 심리적으로 위안과 만족감을 준다

자신이 사랑받고 인정받고 있다는 것, 그리고 그 존재가 다름 아닌 세상에서 가장 사랑하는 부모라는 사실은 아이의 마음에 커다란 위안과 만족감을 준다. 그러므로 칭찬은 아이들에게 해주면 좋은 것이 아니라 반드시해야 하는 의무사항이다.

그리스 신화에 등장하는 조각가 피그말리온(Pygmalion)은 자신이 조각한 아름다운 여인상과 사랑에 빠져 그 조각상을 정성스럽게 보살핀다. 그것도 모자라 아프로디테를 찾아가 여인상이 진짜 사람이 될 수 있게 해달라고 간청한다. 아프로디테는 피그말리온의 간절한 소원을 들어주었고, 마침내 피그말리온은 그토록 사랑하는 여인상과 결혼하여 행복하게 살았다고 한다.

피그말리온의 이야기가 시사하는 바가 얼마나 컸던지, 심리학 용어 중에 '피그말리온 효과'라는 말이 생겨났을 정도다. 이것은 '어떤 사람이 나를 존중해주고 긍정적인 믿음과 기대를 가지면 그런 사람으로 변하기 위해 노력하게 되는 효과'를 말한다. 아이에게 존중과 믿음과 기대를 전달하는 방법은 바로 칭찬이다.

이와 반대되는 개념을 가진 '스티그마 효과'라는 심리학 용어도 있다. 이것은 '상대방에게 무시를 당하거나 부정적인 평가를 받은 사람은 그에 걸맞게 행동하게 된다'는 이론이다. 범죄자나 비행 청소년들은 어렸을 때부터 스티그마 효과를 절감하며 성장하는 경우가 많다. '넌 왜 하는 짓이 만날 그 모양이냐, 네가 하는 짓이 뻔하지, 커서 네가 무엇을 할 수 있겠어, 너는 아무런 가치가 없는 사람이야'와 같은 부모의 말은 실제로 아이를 그런 사람으로 성장하게 만드는 역할을 하는 것이다.

미국의 교육심리학자 로버트 로젠탈(Robert Rosenthal)은 1964년에 피그말리온 효과를 증명하는 실험을 했다. 그는 샌프란시스코의 한 초등학교에서 앞으로 수개월 동안 성적이 오를 학생을 골라내기 위한 조사를 실시했다. 그러나 이는 사실 특별한 의미가 없는 보통의 지능 검사였다. 실험자는 지능 검사를 마친 뒤, 무작위로 아이들을 뽑아 명단을 작성했다. 그러고는 담임선생님에게 명단을 주며 이 명단에 실린 아이들은 앞으로 수개월 동안 성적이 향상될 것으로 기대되는 학생들이라고 알려주었다. 한마디로 담임선생님을 속이는 실험이었다.

그 후 성적이 향상될 것으로 기대되는 그룹으로 분류되었던 아이들은 그렇지 못한 아이들에 비해 실제로 성적이 크게 향상되었다. 뛰어난 아이들을 지도하게 된 담임선생님은 그만큼 긍정적인 기대감을 나타냈을 것이고, 그것이 아이들에게 전해져 열심히 공부하는 분위기가 만들어질 수 있었던 것이다.

이처럼 칭찬은 피그말리온 효과를 실현할 수 있는 가장 쉽고 편한 방법이다. 칭찬의 말은 어렵지 않다. 길지 않아도 되고 거창하지 않아도 된다. 특별한 지식이나 기술이 필요한 것도 아니다. 그럼에도 불구하고 실제로 칭찬의 말은 쉽게 입 밖으로 나오지 않는다. 내 아이를 대놓고 칭찬하는 것을 경망스럽다고 생각하여 칭찬의 말을 아끼는 부모도 있을 수 있고, 아이가 그

정도의 성과를 거두는 것이 당연하다고 생각하여 굳이 칭찬하지 않는 부모도 있을 것이다. 워낙에 말수가 적어 내 자식을 칭찬하는 것조차 힘겨운 부모도 있을 것이고, 너무 바쁜 일과 탓에 아이에게 지시를 내리기에도 시간이 부족해 칭찬까지 할 겨를이 없는 부모도 있을 것이다.

하지만 그 어떤 변명도 자식에게 칭찬이 인색한 부모들의 어리석음을 정당화할 수는 없다. 칭찬은 대단할 필요도 없고 많은 시간을 들일 필요도 없으며 요란스러울 필요도 없다. 그저 눈앞에 보이는 어떤 상황에 대해 아주 간단한 느낌을 있는 그대로 전하면 된다.

단, 몇 가지 조건이 있다. 아이에게 건네는 말은 긍정적이고 희망적이고 너그러운 내용으로 채워져야 하며, 눈은 아이에게 고정하고 웃는 얼굴로 말에 앞서 마음을 전해야 한다. 그렇게 하면 당신의 아이도 자기효능감이 높고, 자기주도적이고, 성취동기가 높고, 실제 능력이 월등하고, 대인 관계가 원만한 아이로 성장할 수 있을 것이다.

무조건 많이 하면 좋은 줄 알았던 칭찬이 오히려 아이들에게
나쁜 영향을 미친다는 사실에 어찌할 바를 모르는 부모가 많다.
어떻게 칭찬이 나쁠 수 있다는 걸까? 안 하느니만 못한
칭찬의 역효과에 대해 차근차근 알아보자.

2장

잘못한
칭찬은

독이 된다

2010년 방영한 EBS 다큐멘터리 '칭찬의 역효과'에서 아이들에게 부모의 칭찬이 어떤 영향을 미치는지 다양한 실험을 통해 심층적으로 다룬 적이 있다. 칭찬에 대한 부모의 생각을 뒤집는 결과가 많아서 방송 후 큰 반향이 있었다. 방송 바로 다음 날 저녁, 잘 알고 지내던 여자 후배가 오랜만에 연구실로 찾아왔다. 속 깊은 이야기도 부담 없이 털어놓는 후배였지만 연구실로 찾아온 것은 처음이었다. 대부분 맛있는 요리나 좋은 음악이 있는 곳을 찾아다니며 만나왔던 터라 연구실에서의 만남은 신선하고 반가웠다.

오랜만의 만남이기에 그동안의 안부를 물었다. 그런데 후배는 간단한 인사를 건네자마자 전날의 방송 얘기부터 꺼냈다. 처음에는 내가 직접 출연

해 인터뷰를 하기에 관심을 가지고 살펴보았는데, 방송이 진행되는 내내 지금껏 알아왔던 사실과는 다른 내용 때문에 차마 입이 다물어지지 않았다는 것이다.

후배는 칭찬에도 역효과가 있다는 사실이 자신에게는 매우 충격적이라고 했다. 방송 내내 하면 안 되는 칭찬이라고 소개된 것이 바로 자신의 입에서 끊임없이 흘러나오는 말들이었다고 했다. 그러면서 연신 깊은 한숨을 쉬어댔다. 그동안 자신 때문에 힘들었을 딸, 자신으로 인해 부담스러웠을 딸을 걱정하며 눈시울을 붉히기도 했다. 그러더니 그 중요한 사실들을 그동안 왜 자신에게 들려주지 않았느냐며 선배인 나를 원망하기도 했다. 그녀의 한숨과 눈빛을 통해 방송을 보며 받았을 충격의 정도를 가늠할 수 있었다.

칭찬의 역효과에 대해 언급하는 매체와 기사가 늘면서 무조건 많이 하기만 하면 좋은 줄 알았던 칭찬이 오히려 아이들에게 나쁜 영향을 미친다는 사실에 어찌할 바를 모르는 부모가 많다. 어떻게 칭찬이 나쁠 수 있다는 걸까? '똑똑하다, 네가 최고다, 넌 뭐든지 할 수 있다'라며 끊임없이 격려하고 배려하는 이러한 말속에 어떻게 긍정의 효과가 아닌 역효과가 있을 수 있다는 건지 참으로 이해하기 힘들 것이다.

칭찬이 오히려 아이들에게 해가 될 수도 있다는 것은 사실 오래전부터 꾸준히 연구되어 온 과제였다. 칭찬만 하면 우리 아이가 달라질 거라고 굳게 믿으며 그 믿음을 실천해 나가는 순간에도 칭찬의 역효과는 꾸준히 연구되어 왔다.

칭찬에 역효과가 있음이 알려지면서 안 그래도 칭찬에 인색한 우리나라 부모들이 칭찬으로부터 더욱 멀어지면 어쩌나 하는 것이 가장 큰 걱정이다. 칭찬을 잘못하면 분명 역효과가 생기지만, 그것은 엄연히 '잘못'했을 때의 경우이다. '잘'하면 앞서 이야기한 것처럼 아이들의 지식과 정서가 성장하는 데 중요한 양분을 제공해줄 수 있는 게 칭찬이다.

그러나 안타깝게도 현재 우리나라에서 부모들이 아이들에게 하는 칭찬은 '잘'하는 경우보다 '잘못'하는 경우가 더 많다. 우리가 당연히 긍정적인 효과를 거둘 거라 기대했던 칭찬의 말이 사실은 아이들에게 독이 되는 경우가 많은 것이다.

그러니 과연 어떤 칭찬이 약이 되고 어떤 칭찬이 독이 되는지 알아보기로 하자. 내가 하는 칭찬은 옳은 것이라고 확신하는 부모들에게 경종을 울릴 만한 내용이 많을 것이다.

매보다
무서운

칭찬

일산에 사는 정민이 엄마에게는 은근히 신경 쓰이는 것이 있다. 다른 아이들은 칭찬을 받으면 좋아서 펄쩍펄쩍 뛰기도 하고 다른 일로 또 칭찬을 받기 위해 애를 쓴다고 하는데 정민이는 칭찬을 받아도 시큰둥하기 때문이다. 그래도 어떤 일을 잘했을 때 칭찬을 안 할 수가 없어 한껏 밝은 얼굴로 칭찬의 말을 전하면, 아이는 그냥 무덤덤하게 듣거나 아니면 중간에 말을 끊고 다른 화제로 돌리려고 한다.

정민이 엄마는 정민이가 칭찬받는 것을 귀찮아하는 아주 특별한 아이라고 생각한다. 워낙 잘하는 게 많아서 굳이 칭찬받지 않아도 자신이 잘났다는 것을 잘 알고 있는 모양이라고 판단하기도 한다. 왜 정민이는 칭찬받는 것을 즐거워하지 않을까? 엄마가 짐작하는 것처럼 정민이는 정말 칭찬이 귀찮다고 생각하는 것일까? 정민이는 어쩌면 다른 사람의 말이나 태도에 아주 민감하게 반응하고 자기 성취에 대해서도 철저하게 관리하는 완벽주의적인 성향일 수 있다. 이런 성향의 아이에게 칭찬이란 더 잘해야 한다는, 마음의 부담이 될 수 있다. 무조건적인 칭찬이 정민에게 이런 역할을 한 것이다.

구체적인 칭찬이 아이의 자기효능감을 키운다

만약 아이가 독후감을 열심히 써서 학년 전체에서 우수상을 받았다고 하자. 우수상이라면 해당 학년에서 두 번째로 독후감을 잘 썼다는 것이니 분명 칭찬을 받을 만한 훌륭한 성과이다.

이때 부모에 따라 칭찬의 내용이 달라진다. 어떤 부모는 "그래, 잘했다." 라고 칭찬을 할 것이다. 어떤 부모는 "우수상을 받았구나. 정말 잘했어. 다음에는 느낀 점을 더 보강해서 최우수상을 받도록 노력해보자."라고 말할 것이다. 또 어떤 부모는 "우수상을 받았다니 정말 기쁘네. 책을 꼼꼼히 읽고 독후감을 열심히 썼구나."라고 칭찬할 것이다. 아이의 입장이 되어 생각해보자. 만약 내가 독후감을 써서 상을 받은 아이라면, 어떤 칭찬의 말을 들었을 때 가장 기분이 좋고 의욕이 증가할까?

첫 번째 칭찬의 경우는 독후감을 써서 상을 받은 행위에 대해 칭찬하고 있다. 아이의 긍정적인 행동 자체에만 칭찬의 초점을 맞추고 있으므로 흔히 남발하는 형식적인 칭찬에 불과하다. 이러한 칭찬은 아이의 자기효능감에 아무런 영향을 미치지 못한다.

자기효능감은 자기가 어떤 일을 할 때 어떤 이유에서 잘할 수 있다는 구체적인 마음이다. 그러나 첫 번째 칭찬과 같은 경우는 내가 무언가를 잘했다는 긍정적인 느낌을 가질 수는 있지만 내가 이러이러한 것을 어떻게 잘했는지에 대한 정보는 없기 때문에 자기가 실제로 무엇을 잘했는지를 구체적으로 규명할 수 없다. 그러므로 이런 칭찬은 아이들의 자기효능감에 실질적인 도움을 주지 못하는, 그야말로 말뿐인 칭찬에 불과하다.

두 번째 칭찬의 경우는 우리가 가장 피해야 할 칭찬의 부류이다. 얼핏 보면 아이를 크게 격려해주고 아이에게 또 다른 동기를 심어주는 것 같지만, 다음에는 우수상보다 더 큰 최우수상을 받아야 한다는 커다란 부담을 주는 말이다. 이러한 칭찬은 자기효능감은커녕 아이에게 심한 스트레스만 줄 뿐이다.

부모의 기대가 아이를 평가 염려에 빠지게 한다

어느 날 친구들끼리 모여 가벼운 수다를 떨었다. 수다는 주식이며 부동산에 관한 이야기로 시작하여 곧 아이의 성적 문제로 이어졌다. 친구 대부분이 초등학생이나 중학생을 자녀로 둔 학부모이다 보니 그것은 매번 정해진 코스와도 같았다.

친구 중 한 명이 놀라운 자랑거리를 늘어놓았다. 중학교 2학년에 재학 중인 딸이 직접 주변에서 유명한 학원을 추천받고는 그 학원에 보내달라고 부탁을 한다는 것이었다. 그래서 지금 그녀의 딸이 다니고 있는 학원은 수학만 해도 네 군데라고 했다. 보통의 경우와는 다른 양상이었다. 대부분의 아이들은 이 학원 저 학원 전전하는 것을 매우 힘들어하고 어떻게 하면 빠져나갈 수 있을까 궁리한다. 그러니 그 이야기를 들었을 때는 그래서 그녀의 딸이 늘 상위권이구나 싶어 내심 부러웠다.

그 후 우연히 그녀의 딸 수지와 마주할 일이 생겼다. 어렸을 때 몇 번 만나고는 꽤 오랜만에 갖는 만남이었다. 한눈에 봐도 총명해 보이고 게다가 예쁘기까지 한, 흔히 말하는 '엄친딸'이었다. 수지를 보면서 나는 기특한 마음도 있었지만 아직은 어린 아이가 그 많은 일을 인내하면서 열심히 하는 모습이 딱하게도 느껴졌다. 수지에게 힘든 일이 많았을 텐데 잘 지내고 있는지를 넌지시 물어보았다.

내가 아동심리학에 관해 연구하고 있다는 사실을 알고 있는 수지는 엄마가 자리를 비운 사이 내게 조심스럽게 말했다. 성적이 늘 상위권인데도 너무 불안하고 걱정이 된다는 것이었다. 그래서 나는 대학 입시 때문에 부담이 되어 그럴 것이라고 했다. 원래 그맘때는 더 좋은 대학에 가기 위해 더 좋은 성적을 갈망할 수밖에 없다는 말로 수지를 위로해주었다.

그런데 수지의 대답은 뜻밖이었다. 자신이 불안한 건 엄마의 기대를 저버릴 수도 있다는 두려움 때문이라고 했다. 엄마는 좋은 성적을 거두면 아낌없이 칭찬해주시는데, 그 말속에는 '다음에는 더 잘해 봐라. 너는 그렇게 할 수 있는 능력을 갖추고 있다.'라는 메시지가 담겨 있다는 것이다. 그래서 4등을 하면 3등을 하기 위해 더 많이 공부해야 하고, 3등을 하면 2등을 하기 위해 더 열심히 공부해야만 하는, 칭찬은 수지를 늘 불안하게 만드는 과제가 되었다. 하는 수 없이 지푸라기라도 잡는 심정으로 좋은 학원이 있다고 하면 등록을 해야만 마음이 놓인다고 했다. 엄마의 칭찬이 수지에게는 바늘로 심장을 찌르는 듯한 고통으로 다가왔을 것이라고 생각하니 너무 안쓰러웠다.

수지가 물었다.

"만약 1등을 하면 제 마음이 좀 편안해질까요?"

그러더니 곧 고개를 절레절레 저었다.

"그렇다면 1등을 지키기 위해, 혹시나 1등 자리를 놓칠까 초조해하겠지요?"

말을 안 할 뿐이지, 이와 같은 부담을 지고 살아가는 아이가 한둘이 아닐 것이다. '잘했다, 다음엔 좀 더 잘해 보자'와 같은 칭찬은 보이지 않는 채찍질이다. 아니, 채찍질보다 더 무서운 것이다. 겉모습은 아름답지만 치명적인 독을 가진 아이비처럼 칭찬을 빙자한 채찍질은 아이들에게 위험하기 짝이 없다.

내게는 전혀 해당 사항이 없는 내용이라고 시치미 떼는 부모 중에서도 상당수가 이와 같은 오류를 부지불식간에 한다. 수학 시험에서 처음으로 90점을 넘긴 아이 앞에서 크게 기뻐하면서 '다음엔 100점 한번 맞아보자.'라고 제안하는 부모도 이 부류에 속한다. 기말고사에서 일등을 했다고 집안 식구들이 근사한 레스토랑에서 외식을 하며, '다음에도 일등을 하면 더 맛있고 비싼 음식점에 가서 외식하자.'라고 제안한 적이 있다면 이 부모 역시 크게 반성해야 한다. 아이에게 그러한 외식은 일등을 축하하는 기쁜 행사가 아니라 다음번에도 이번만큼의 성과를 강요하는 부담스러운 행사에 불과하다.

칭찬과 함께 다음번의 목표까지 정해줄 경우, 아이는 평가 염려에 빠질 수 있다. 평가 염려에 빠진 아이는 어떤 과제를 수행할 때 강한 불안감과 스트레스를 경험하게 된다. 이러한 불안감과 스트레스는 동기를 낮출 뿐만 아니라 많은 정신적 에너지를 소모해 아이를 점점 무기력하게 만든다. 무기력해진 아이는 어떤 일에도 몰입하기 어렵다. 아이가 더 잘할 수 있도록 격려 차원에서 한 칭찬이 오히려 아이를 무기력하게 만드는 역효과를 초래하는 것이다.

아이의 긍정적 성과를 함께 공감하라

아이가 칭찬을 통해 얻고 싶은 것은 달콤한 말이 아니다. 긍정적인 성과에 대해 나와 함께 공감해줄 수 있는 사람이 있다는 것을 인식하고, 그 사람으로부터 그동안의 노력에 대한 인정을 받고 싶어한다. 칭찬은 거기에서 끝나야 한다. 만약 칭찬이 다음 과제에 대한 목표로까지 이어지면 그것은 회초리보다 더 두렵고 아픈 체벌 도구가 되어 아이를 괴롭힐 것이다.

그렇다면 마지막 칭찬에 주목할 수밖에 없다. "우수상을 받았다니, 정말 기쁘네. 책을 꼼꼼히 읽고 독후감을 열심히 썼구나."라는 칭찬에는 다른 칭찬에는 없는 면이 발견된다. 만족스러운 성과에 대한 엄마의 기쁜 감정을 충분히 드러내면서 그것을 위해 큰 노력을 기울였을 아이의 수고에 대한 격려도 담겨 있다. 그러면서 다음에는 어떻게 해보라는 식의 부담은 지우지 않는다.

아이의 입장에서 생각한다면 당연히 세 번째 칭찬을 받고 싶을 것이다. 다음번에 더 좋은 상을 받기 위해 노력하느냐 마느냐를 결정하는 건 온전히 아이의 몫으로 남겨두어야 한다.

칭찬은 목표를 향해 포기하지 않고 지속해서 도전할 수 있는 힘을 준다. 어떤 일이 계획대로 잘 되어가고 있을 때도 칭찬을 받으면 내가 하고 있는 게 맞는구나, 내가 잘하고 있구나 싶어 더욱 힘이 날 수밖에 없다. 어떤 일이 계획대로 되어가고 있지 않을 때도 칭찬은 약이 된다. 칭찬을 받으면 내가 그것을 포기하지 않고 열심히 노력하고 있다는 것 자체가 의미 있는 일이라는 사실을 상기시켜주기 때문에 좌절하지 않을 수 있다.

하지만 그것 또한 적절한 칭찬이어야 한다. 적절하지 않은 칭찬은 오히려 어떤 일에 도전하는 것을 두렵게 만들 수도 있다. 그렇다면 과연 어떤 칭찬이 아이의 도전에 힘을 보탤 수 있을까? 그리고 또 어떤 칭찬이 아이의 도전을 방해할까?

우리가 아이들에게 가장 흔하게 하는 칭찬 중의 하나가 바로 '머리가 좋다'거나 '똑똑하다'거나 하는 식의 칭찬이다. 머리가 좋다고 칭찬하는 것이 아이의 성취동기나 자신감을 높일 수 있다고 믿기 때문이다. 그것을 떠나서라도 머리가 좋고 똑똑한 것은 최고의 축복이며 미덕이기 때문에 그것에 대해 칭찬하는 것을 최고의 찬사라고 생각한다.

그런데 실제로 머리가 좋다거나 똑똑하다는 식의 칭찬은 아이가 '통제할 수 없는 영역'에 대한 칭찬이다. 머리가 좋은 것, 혹은 똑똑한 것은 타고난 자질이라고 생각하므로 자신이 어쩔 수 없는 부분이라고 단정하는 것이다. 그래서 혹시나 좋은 점수를 받고, 뛰어난 결과를 이뤘다고 하더라도 머리가 좋고 똑똑하다는 칭찬을 받으면 그것은 자신의 통제에 의해서가 아닌 타고난 능력에 의해서 이루어졌다고 여긴다. 이런 경우 당연히 자신의 성과에 대해 떳떳하거나 자랑스럽다고 생각할 수 없게 된다. 지능과 관련된 부분은 주어진 운명이라고 믿는 경향이 강하기 때문에 원래부터 주어진 혜택에 의해 이루어진 결과가 그리 대단하게 느껴질 리 없다.

아이에 대한 칭찬은 '아이 스스로 통제할 수 있는 영역'에서 이루어져야 한다. 여기에서 통제할 수 있는 영역이란 자신의 힘으로 조절할 수 있는 부분들을 일컫는다. 아이가 학습할 때 스스로 조절할 수 있는 부분 중 가장 큰 것이 바로 '노력'이다. 성공에 가장 큰 영향을 끼친 요소를 노력에서 찾는다면 아이는 비로소 자신의 힘으로 무언가를 이루었다는 사실에 큰 성취감을 느낄 수 있다.

성공의 원인을 아이의 능력에서 찾는 것을 '능력 귀인'이라고 한다면 노력에서 성공의 원인을 찾는 것을 '노력 귀인'이라고 한다. 아이들은 어떤 일을 성공적으로 수행했을 때 '넌 정말 똑똑하구나.'라는 칭찬보다 '어려운 문제를 열심히 잘 풀었구나.'라는 칭찬을 해주었을 때 더욱 성취 지향적인 반응을 보인다. 한마디로 아이에게 정말 필요한 칭찬은 능력 귀인이 아닌 노력 귀인에서 찾아야 한다. 지능은 상대적으로 변하지 않은 요인이지만 노력은 자신이 어떻게 하느냐에 따라 충분히 달라질 수 있는 요인이므로, 아이로서는 자신이 통제할 수 있는 노력에서 원인을 찾는 쪽이 훨씬 안심된다.

부모가 노력에 귀인하여 칭찬을 하면 아이 스스로가 노력에 초점을 맞추어 학습하게 된다. 성과가 목표에 못 미치면 더욱 노력하여 좀 더 목표에 다가가기 위한 시도를 한다. 이를 통해 아이는 학습의 태도나 능력을 개선할 수 있다. 만약 실패하더라도 노력에 귀인하는 아이들은 그 원인을 자신의 부족했던 노력에서 찾기 때문에 더욱더 노력하면 반드시 성공할 수 있다고 믿는다.

반면 능력에 귀인하여 칭찬을 하다 보면 아이는 어떤 과제를 수행하든지 성공과 실패의 원인을 자신의 능력이나 지능에서 찾게 된다. 이것은 아주 큰 함정이 된다. 성공한 것도 타고난 능력에 의해서, 실패한 것도 타고난 능력에 의해서 이루어진 결과가 되므로 아이에게 특별한 노력이나 도전은 무의미해지는 것이다. 더군다나 실패했을 경우에는 그 원인이 자신의 능력 그 자체가 되므로 심한 자괴감에 빠질 수도 있다.

능력 귀인과 노력 귀인의 결과는 아이의 목표 성향을 통해 다시 한번 확인할 수 있다. 능력에 대한 칭찬은 아이 스스로가 학습 목표가 아닌 평가 목표를 설정하도록 만든다. 반면 노력에 대한 칭찬은 아이가 평가 목표가 아닌 학습 목표를 최우선으로 하도록 이끈다.

'학습 목표'를 가진 아이와 '평가 목표'를 가진 아이

학습 목표 성향을 가진 아이는 다른 사람의 평가보다는 자신의 실력 향상에 초점을 두고 공부한다. 그러므로 공부를 통해 몰랐던 사실을 하나하나 알아가는 과정 자체를 즐기게 된다. 반면 평가 목표 성향을 가진 아이는 어떤 과제를 해결해서 자신이 똑똑하고 재능이 있다는 사실을 인정받기 위해 공부한다. 평가 목표를 가진 아이의 학습에서는 새로운 사실을 알게 될 때의 즐거움이나 어려운 문제를 간신히 해결했을 때의 보람은 기대할 수 없다. 이들은 오직 점수를 통해서만 자신의 능력을 검증할 수 있다고 생각하기 때문이다. 이들에게 중요한 것은 과정이 아닌 결과, 즉 점수이다.

이것은 아이들의 학습에 매우 큰 영향을 끼친다. 만약 학습 목표를 가진 아이와 평가 목표를 가진 아이가 같은 날 같은 곳에서 같은 수학 문제를 풀었는데 둘 다 평소 점수에 한참 못 미치는 점수를 받았다고 가정해 보자. 이때 학습 목표를 가진 아이는 더 열심히 공부하게 된다. 기대에 못 미치는 점수의 원인이 자신의 노력 때문이라고 결론을 내리기 때문이다. 그래서 부족한 점수를 만회하기 위해서 더 큰 노력을 기울인다. 공부 방법에 변화를 주기도 한다. 그 과정에서 새로운 것을 학습하기도 하고 자신에게 알맞은 공부 방법을 찾기도 한다. 그렇게 자신의 실력을 차곡차곡 쌓아가는 것이다.

그러나 평가 목표를 가진 아이는 상황이 많이 다르다. 평가 목표를 가진 아이에게 낮은 점수란 내 능력이 고작 이것밖에 안 된다는 것을 의미한다. 시험을 통해 자신의 능력이 우월하다는 것을 평가받고 싶었는데, 어이없는 점수를 받음으로써 오히려 자신의 능력이 형편없다는 것을 증명한 꼴이 되고 만 것이다.

그러므로 이 아이에게는 더 이상 공부를 할 이유가 없어지고, 공부에 대한 흥미를 잃게 된다. 조금 더 심한 경우 공부를 대신해서 내가 칭찬받고 인정할 수 있는 분야를 찾기 시작한다. 공부를 포기하고 다른 길로 접어드는 것이다. 그 길이 새로운 기술을 연마하고 숨겨진 재능을 찾을 수 있는 길이면 좋겠지만, 그렇지 않을 확률이 제법 높다. 또한 공부가 아닌 다른 분야에서 자신의 유능함을 보여줄 수 있다는 판단이 선다면 아이는 공부를 아예 포기할 가능성이 커진다.

지인 중 한 명이 아들의 진로 때문에 골머리를 앓고 있다며 하소연을 했다. 초등학교에 다닐 때만 해도 전교 회장을 할 만큼 성적이나 관계 면에서 우수했던 아들이 중학교에 입학하면서부터 성적이 점점 떨어지더니, 이제는 아예 공부할 생각은 안 하고 미용 기술을 배우겠다고 한다는 것이었다. 평소에도 연예인이나 친구들의 머리 모양에 관심이 많았는데, 공부로는 안 될 것 같으니 자신이 잘할 수 있을 만한 길을 찾아 나서겠다는 결심이 확고한 모양이었다. 중학생이어서 아직 시간도 충분하고 다시 도전해볼 수 있는 여지가 충분한데도 불구하고 성적이 떨어지면서 공부에 대한 자신감을 완전히 상실한 것이다. 물론 미용 기술을 배우는 것도 좋은 선택이다. 그러나 일반적인 초·중·고 과정을 거치며 배울 수 있는 학업의 가치를 너무 일찍 포기하는 것은 우려되는 지점이다.

실제로 초등학교 저학년이나, 혹은 좀 더 길게 잡아 초등학교 전 학년 동안 우수한 성적을 이어오다가 중학교나 고등학교에 가서 고전을 면치 못하는 아이들이 많다. 이런 아이들의 대부분이 평가 목표를 가지고 있다고 해도 과언이 아니다. 초등학생까지만 해도 평가 목표를 가진 아이들이 좀 더 우수한 성적을 보일 가능성이 크다. 평가 목표를 가진 아이들은 학교 수업이나 시험에 집중해서 공부하기 때문이다. 반면 학습 목표를 가진 아이들은 진도 과정이나 시험 범위를 떠나 자신이 관심이 있는 분야나 사회적으로 이슈가 되는 분야에 초점을 맞추어 호기심을 채워 나가는 경우가 많다 보니 시험에 집중해서 임하지 않아 점수를 잘 받지 못하는 경우가 많다.

그러나 중학교, 고등학교로 진학하면 상황이 달라진다. 요즘 교과 학습은 융합적 사고를 요구하며, 창의력과 문제해결력을 갖추었는지를 평가하는 문항이 많아져서 학습 목표를 가져야만 좋은 성적과 평가를 받을 수 있다. 또한 우리 아이들이 살아가는 4차산업혁명의 시대는 더욱이 창의융합형 인재를 요구한다. 그러니 다른 사람의 평가가 아니라 자신이 좋아하고 잘할 수 있는 것을 찾아 상상력과 창의력을 발휘하는 아이가 최후의 승자가 될 것임이 자명하다.

'노력 귀인'의 중요성

아동기의 성취동기에 관해 많은 연구를 거듭한 스탠퍼드대학교 심리학과 교수 캐럴 드웩(Carol Dweck)은 여러 실험을 통해 '노력 귀인'의 중요성을 설명하고 있다. 드웩은 학습 목표와 평가 목표를 가진 아이들이 학습 태도에서 어떤 차이점을 보이는지 실험을 통해 밝혔다. 드웩은 초등학교 5학년에 재학 중인 학생들을 세 개의 집단으로 나누어 열 개의 문제를 풀게 했다. 그러고는 한 집단은 능력 귀인을 하고, 한 집단은 노력 귀인을 했으며, 나머지 한 집단은 통제 집단으로 아무런 귀인을 하지 않았다. 그런 다음 실험자는 아이들에게 다음 4가지 과제 중 하나를 선택하게 했다.

1. 쉬운 문제라서 많이 틀리지 않을 것 같은 과제

2. 아주 쉬워서 당연히 다 맞을 수 있는 과제

3. 내가 잘할 수 있어서 내가 얼마나 똑똑한지 보여줄 수 있는 과제

4. 좀 어렵긴 하지만, 이 과제에서 많은 기술을 배울 수 있는 과제

이 중 1번과 2번, 3번은 평가 목표이고 마지막 4번은 학습 목표이다. 그리고 능력에 귀인한 집단의 학생들은 주로 평가 목표를, 노력에 귀인한 집단의 학생들은 주로 학습 목표를 선택했다. 학습 목표를 선택한 아이들은 새롭고 어려운 문제를 푸는 방법을 배우는 것이 더 중요하기 때문에 쉬워서 당연히 맞힐 수 있는 문제나 한 번 풀었던 문제는 더 이상 풀 필요가 없다고 생각했다. 반면 평가 목표를 선택한 아이들은 평가에 대한 강박관념이 있기 때문에 쉬운 문제를 풀어 좀 더 나은 점수를 얻는 쪽을 선택했다.

우리는 드웩의 실험 결과를 통해 능력을 칭찬하는 것은 아이들에게 새롭고 어려운 과제에 도전하는 것을 두렵게 만든다는 결론을 내릴 수 있다. 어떤 부모도 자녀가 새로운 과제에 도전하는 것을 두려워하는 아이로 성장하기를 원치 않는다. 그런데 안타깝게도 많은 부모가 자녀가 새로운 과제에 도전하지 못하도록 겁을 주고 있다.

"수학 시험에서 100점 맞았구나. 그런데 이번에 100점 맞은 친구 몇 명이나 있니?"

"100점 맞았으니 약속한 대로 엄마가 선물 사줘야겠네. 다음에도 100점 받으면 또 선물 사줄 거야."

이런 식으로 아이들에게 끊임없이 평가 목표를 제시하는 것이다. 좋은 점수를 받는 것이 지상 최고의 목표가 된다면 그 아이에게는 더 이상 도전도 없고 노력도 없다. 내 아이가 새로운 과제에 대한 도전을 즐기는 아이, 실패에 좌절하지 않고 거뜬히 일어서는 아이가 되기를 원한다면 당장 칭찬의 방법을 바꿔야 한다. 그냥 이 한마디면 충분하다.

"네가 노력한 만큼 수학 점수가 잘 나왔네. 정말로 기쁘구나."

동기를
말살하는

칭찬

'칭찬의 역효과'에 대해 다룬 EBS 다큐멘터리에서 칭찬스티커가 과연 아이들에게 어떤 영향을 끼치는지에 대해 알아보는 실험을 했다. 그 실험을 보는 내내 놀라움을 금할 수가 없었다. 칭찬스티커가 동기 유발을 하는 데 그다지 좋은 방법이 아니라는 건 잘 알고 있었지만, 또 부모나 교사들이 칭찬스티커를 남발하는 것에 대해 우려가 있었던 것은 사실이었지만, 아이들이 칭찬스티커를 얻기 위해 그렇게까지 안달할 것이라고는 예상치 못했다.

아이들에게 책을 읽게 하고 그 책을 가져오면 칭찬스티커를 주었더니 대부분의 아이가 칭찬스티커를 더 많이 모으려고 엄청난 속도로 책을 읽어나갔다. 책장을 넘기는 속도가 예사롭지 않았다. 한 페이지를 읽는 데 3초도 안 걸리는 것 같았다. 어떤 아이들은 그냥 후루룩 책장만 한 번 넘기고는 그 책을 다 읽었다는 시늉을 했다. 순식간에 아이들 옆에는 수십 권이나 되는 책이 쌓였다.

실험 도중 아이들은 정말 많은 책을 읽었고 칭찬스티커도 꽤 많이 받았다. 그러나 과연 제대로 책을 읽었을까? 아이들은 읽은 책의 내용을 얼마나 이해하게 되었을까? 과연 이런 독서가 의미가 있을까?

'칭찬스티커'가 아이에게 동기가 되어서는 안 된다

어린 시절, 선생님으로부터 '참! 잘했어요' 도장을 받고 기뻐하지 않았던 사람은 없었을 것이다. 그것은 정말 영광스러운 은총이었고, 말로 표현할 수 없는 사랑이었다. 그래서 아이들은 이 도장을 받기 위해 더 열심히 숙제를 하고, 더 꼼꼼히 준비물을 챙겼으며, 더 빨리 달리고, 더 많이 청소했다.

지금 와서 돌이켜보면 이 도장 하나에 그렇게 일희일비(一喜一悲)할 필요는 없었다. 그러나 당시 이 도장을 받으면 세상을 얻은 듯 마음이 넉넉했다. 그래서 내일도 받을 수 있기를, 모레도 받을 수 있기를 바랐다. 도장 하나를 보물처럼 받들었던 그 시절의 우리 모습을 보면 어린 시절에는 칭찬 한마디가 귀한 보물임은 분명하다.

예전의 '참! 잘했어요' 도장은 요즘 들어 '칭찬스티커'로 진화했다. 칭찬스티커는 학교나 학원에서, 그리고 가정에서 참 요긴하게 쓰인다. 칭찬스티커는 그날 가장 훌륭한 학습 태도를 보인 아이를 가려내는 척도가 되기도 하고, 착한 아이와 못된 아이를 가르는 기준이 되기도 한다. 칭찬스티커를 많이 모은 아이에게 어떠한 특별한 보상이 주어지는 건 필수 코스가 돼버렸다.

그래서 아이들은 칭찬스티커에 집착한다. 어떤 일을 잘하기 위해서 노력하는 것이 아니라 칭찬스티커를 받기 위해 노력한다. 칭찬스티커가 어떤 일을 하는 데 있어 하나의 동기가 된 것이다.

내적 동기와 외적 동기

동기는 크게 '내적 동기'와 '외적 동기'로 나뉜다. 내적 동기는 '보람, 책임감, 성취감 그리고 자신에 대한 만족과 즐거움을 위해 어떤 일을 하는 것'을 말한다. 내적 동기에 의한 것은 활동 자체가 목표가 되기 때문에 자발적으로 어떤 일을 해 나가는 매우 강하고 능동적인 힘이 된다. 반면 외적 동기는 '보상을 받거나 처벌을 피하려는 목적으로 인해 발생하는 동기'이다. 칭찬스티커를 받기 위해, 놀이공원에 가기 위해, 선물을 받기 위해 어떤 행동을 하는 아이가 바로 외적 동기에 의해 움직이는 경우다.

어떠한 일에 대한 보상, 즉 외적 동기는 매우 약하고 수동적인 동기일 수밖에 없다. 외적 동기는 얼핏 보면 아이의 의욕을 부추기는 요인처럼 보이기도 하지만, 그 내막을 들여다보면 아이의 내적 동기를 말살하는 역할을 한다. 내적 동기가 발생해 어떤 일을 시작하기로 하더라도 그 일의 결과에 대해 보상을 해주면 능동적이고 긍정적이었던 내적 동기가 어느 순간 외적 동기로 변할 수 있다.

　한적한 시골 마을에서 조용히 살아가던 노인이 있었다. 노인에게 조용한 시골에서의 삶은 행복 그 자체였다. 그런데 어느 순간부터 노인의 행복은 깨지기 시작했다. 집 앞의 공터에서 시끄럽게 노는 아이들 때문에 하루하루를 소음 속에서 보내게 된 것이다. 노인은 아이들에게 화를 내고 으름장을 놓으며 쫓아내려고 했지만 아이들은 공터에 모여 노는 것을 멈추지 않았다.

　노인은 묘안을 생각해 냈다. 자신의 집 앞에서 재미있게 놀아주어서 고맙다면서, 앞으로 집 앞 공터에서 놀 때마다 1달러씩 주겠다고 약속한 것이었다. 아이들은 마음 편히 놀게 해주는 것도 고마운데 매일같이 1달러씩 주겠다고 하니 너무 기뻐 더 신나게 놀았다. 약속대로 노인은 아이들에게 1달러씩을 주었다.

　그러던 어느 날 노인은 돈이 부족하여 앞으로 1달러에서 50센트로 돈을 줄이겠다고 말했다. 그러자 아이들은 정색하며 이렇게 말했다.

　"겨우 그 돈을 받고 이 공터에서 놀 수는 없어요."

　그러고는 다시는 공터에 나타나지 않았다고 한다.

　이것은 내적 동기가 보상으로 인해 외적 동기로 변할 수도 있다는 사실을 보여 주는 아주 좋은 사례이다. 아마도 그 노인은 심리학에 대해 해박한 지식을 가지고 있는 사람이었던 게 분명하다. 그러지 않고서는 내적 동기가 보상 때문에 금세 외적 동기로 바뀔 수 있다는 사실을, 그리고 외적 동기를 가진 아이들은 보상이 없다면 어떤 일을 하는 데 전혀 흥미를 느끼지 못한 다는 사실을 그렇게 완벽하게 파악할 수 없었을 것이다.

아이들은 처음에는 아무 생각 없이 공터에서 즐겁게 놀았을 것이다. 이 것은 내적 동기에 의한 것이다. 그러나 노인이 '돈'이라는 보상을 제시하면 서부터 마냥 즐거웠던 놀이가 돈을 받기 위한 수단으로 바뀌고 말았다. 내 적 동기가 외적 동기로 변한 것이다. 그러나 돈의 액수가 줄어들자 아이들의 외적 동기는 급속도로 줄어들었고, 결국 아이들은 더는 공터에서 노는 것에 흥미를 느끼지 못하고 공터를 떠나고 말았다.

이와 같은 사실은 아동심리학자인 마크 레퍼(Mark Lepper)가 보육원 아이들을 대상으로 한 그림 그리기 실험을 통해서 다시 한번 확인할 수 있 다. 레퍼는 아이들을 두 그룹으로 나누어 A그룹 아이들에게는 그림을 그 리면 상을 주겠다고 하고 B그룹 아이들에게는 그냥 그림을 그리게 했다.

일주일 뒤 실험자는 더는 상을 주지 않는 환경에서 아이들이 어떻게 그 림을 그리고 있는지 살펴보았다. 그런데 그림을 그리면 상을 주겠다고 제안 했던 A그룹 아이들은 그림을 그리는 횟수가 줄어들었지만 상에 대해 한마디도 하지 않았던 B그룹 아이들은 오히려 그림을 그리는 횟수가 늘어난 것을 확인할 수 있었다.

사실 그림을 그리는 건 유아들에게 가장 즐거운 활동 중 하나이다. 대부분의 아이가 내적 동기에 의해 그림을 그린다. 그런데 일단 어떠한 보상을 내걸면 그것은 즐거운 활동에서 순식간에 보상을 받기 위한 행위가 되고 만다. 아마도 그림을 그리면 상을 받다가 어느 순간부터 상을 받지 못하게 된 아이들은 이렇게 생각했을 것이다.

'상도 받지 못하는데 그림은 그려서 뭐 해?'

보상은 오히려 학습 의욕을 떨어뜨린다

성취동기에 대해 수십 년간 연구를 한 미국의 심리학자 드웩 교수 역시 보상이 아이들의 학습 의욕을 불러일으키는 데 그다지 긍정적인 역할을 하지 않는다는 사실을 실험으로 밝혀냈다. 드웩 교수는 아이들을 두 그룹으로 나누어 몇 가지 어려운 문제를 풀게 하고는 A그룹의 아이들에게는 문제 풀이에 성공했을 때 선물과 교환할 수 있는 토큰을 주었고 실패했을 때는 별다른 언급 없이 다음 문제로 넘어갔다. 반면 B그룹 아이들에게는 문제 풀이에 성공했을 때는 별다른 보상이 없었지만 문제 풀이에 실패했을 때는 노력해야 한다는 말을 들려주었다.

이런 과정을 25회 반복한 뒤, 과연 결과는 어땠을까? 문제를 풀 때마다 선물과 교환할 수 있는 토큰을 받은 A그룹의 아이들은 어려운 문제가 나오면 쉽게 포기했지만, 노력해야 문제를 풀 수 있다는 격려를 받은 B그룹 아이들은 처음에는 풀지 못했던 어려운 문제들을 척척 해결해 나갔다. A그룹 아이들은 어려운 문제를 풀어야 하는 수고로움 대신 선물을 안 받고 고생을 안 하는 쪽을 선택한 반면 B그룹 아이들은 그러한 수고의 과정을 즐기게 된 것이다. 배우는 과정을 스스로 즐기는 아이들에게 어려운 문제는 스릴 있는 모험에 속하기 때문에 반드시 그것을 정복하고 싶어 한다.

독이 되는 칭찬스티커

실제로 우리는 생활 속에서 외적 동기를 이용해 아이들과 많은 거래를 한다. 가장 대표적인 경우가 앞에 언급한 칭찬스티커이다. 학교나 학원에서 상을 받아오면 칭찬스티커 한 장, 정해진 공부 시간을 채우면 칭찬스티커 두 장, 성적이 오르면 칭찬스티커 세 장… 이런 식으로 아이들이 하는 일을 칭찬스티커를 이용해 가치를 매기고 있다. '잘했다, 못했다'의 기준도 칭찬스티커에 의해 시작되고 마무리되고 있다.

칭찬스티커가 이처럼 많은 사람에게 애용되고 있는 이유는 짧은 시간 동안 상당한 효과를 거두는 듯한 착각을 일으키기 때문이다. 칭찬스티커를 받기 위해 아이들은 온 에너지를 모아 어느 한 가지 일에 몰두하는 모습을 보인다. 그러나 아이들이 그토록 집중하는 이유는 그 일을 잘하기 위해서가 아니라 칭찬스티커를 받기 위해서라는 사실을 알아야 한다. 그러다 보니 매우 치명적인 반칙이 일어나기도 한다. '빨리' 칭찬스티커를 받고 싶은 마음에 '제대로' 해야 하는 절차를 생략해 버리는 것이다. 그래서 공부를 독려하기 위한 칭찬스티커는 결과적으로 칭찬스티커를 받기 위한 공부가 되고 만다.

칭찬스티커뿐만이 아니다. 시험을 잘 보면 무엇을 사주겠다, 공부를 많이 하면 뭘 어떻게 해주겠다는 식의 보상으로 당연히 아이의 내적 동기로부터 유발되어야 하는 수많은 일을 외적 동기로 해치는 경우가 너무나 많다. 그러니 확실히 알아야 한다. '보상'이라는 외적 동기를 통해 아이들을 조정하려는 시도는 보상이 사라지면 아무것도 할 수 없는 아이로 만든다는 사실을 말이다. 제대로 하는 칭찬이야말로 최고의 칭찬스티커이다.

칭찬도
중독된다

미국의 사회학자이자 심리학자인 알피 콘(Alfie Kohn)은 '칭찬은 그냥 아무 말할 필요 없이 보기만 하면서 본 그대로 설명하는 것만으로도 충분하다.'라고 설명한 바 있다. 아이가 그림을 그릴 때 "꽃을 그렸구나. 보라색으로 칠했구나."라고 있는 그대로 말하면 된다. 더 나아가 "꽃잎을 왜 보라색으로 칠한 거야? 보라색을 좋아해서? 꽃잎의 모양을 왜 이렇게 동글동글하게 그린 거야?" 하고 질문을 던지면 더 좋다. 이런 과정만으로도 아이들은 충분히 그 과정을 즐기고 그 작업에 몰입할 수 있다.

미국의 유명한 심리학자 스키너(Skinner)는 보상과 강화가 인간의 행동 형성에 큰 영향을 미친다고 주장하여 명성을 얻은 행동주의 심리학의 대표적인 인물이다. 그의 이론에 따르면 인간이나 동물이나 긍정적인 강화를 하면 임무를 더 열심히 수행한다고 한다. 여기에서 긍정적인 강화란 보상을 뜻한다. 어떤 일을 잘못했을 때 처벌을 하는 것도 행동을 개선할 수 있지만, 그보다는 잘했을 때 보상을 하여 긍정적인 강화를 하는 것이 훨씬 더 큰 효과를 거둔다는 것이 스키너가 주장하는 행동주의의 핵심이다.

그러나 사람이 행동하게끔 움직이는 것이 외적 보상이나 지원에 있다고 주장한 스키너의 강화 이론은 많은 공격을 받았다. 사람이 목표를 세우고 그에 따라 행동하는 것이 오직 보상에 의한 것이라고 단정했기 때문이다. 특히 하버드대학교의 발달심리학자인 제롬 케이건(Jerome Kagan)은 스키너의 주장이 인간의 생각, 느낌은 설명하지도 못하고 마치 인간을 정적 강화물에 의해 움직이는, 자유의지 없는 존재로 여기고 있다고 강하게 비난하기도 했다.

아직도 보상을 통해 아이를 움직이려고 하는 부모들이 적지 않다. 그러나 보상으로 얻을 수 있는 것은 생각보다 많지 않다는 것을 알아야 한다.

중독된 칭찬에는 감당하기 힘든 대가가 따른다

약물 중독, 도박 중독, 알코올 중독, 다이어트 중독 등 이른바 중독으로 인해 생기는 문제가 꽤 심각하다. 걱정스러운 점은 어른들의 전유물과도 같았던 중독 증상이 점차 아이들에게 확산하고 있다는 사실이다.

요즘 아이들은 어른 못지않게 옷, 가방, 인형, 장난감, 캐릭터 상품들을 사서 모으는 이른바 '쇼핑 중독'에 시달린다고 한다. 어렸을 때부터 부족한 것이 없이 성장한 아이들에게는 사실 이상할 게 없는 증상이다.

스마트폰이 필수품이 되면서 게임이나 SNS, 유튜브에 집착하는 정도도 심각해졌다. 게임으로 인해 숙제를 잊고 시험공부를 하지 못하는 수준을 넘어서 정상적인 생활을 영위하지 못할 만큼의 수준에 이르는 아이들도 많다. SNS에서 눈을 떼지 못해 부모와 갈등을 초래하는 경우도 다반사다. 어떤 아이들은 건강에 적신호가 켜지기도 한다.

중독 증상이 무섭고 위험한 이유는 그것을 하지 못했을 때의 금단 현상이 견딜 수 없을 만큼 고통스럽기 때문이다. '그만해야 한다, 지금은 다른 것을 해야 할 시간이다'라는 것을 잘 알면서도 손에서 그 감각이 느껴지는 것 같고 머리에서도 도무지 그에 관한 생각이 떠나지 않는 것이 중독 현상이다. 그것이 없으면 도저히 견딜 수 없는 것이다. 일단 어떤 일에 중독이 되면 그 양이 점점 늘어나야 만족스러운 감정을 유지할 수 있기 때문에 더 많이, 더 자주 찾게 된다. 그리고 억지로 멈추었다고 해도 자신도 모르게 다시 그와 같은 행위를 되풀이하게 된다.

그런데 그 무시무시한 중독 증상이 칭찬에서도 발견된다. 중독 증상은 '도파민'이라는 호르몬과 관련된 문제다. 도파민은 의욕과 흥미를 불러일으키는 호르몬인데, 재미있는 것이나 흥미로운 것을 경험할 때 분비된다. 그런데 칭찬을 받으면 우리 두뇌에서 보상회로라고 불리는 측핵에서 도파민이 분비된다. 바로 이 도파민으로 인해 칭찬 중독 증상이 야기된다.

칭찬 때문에 무언가를 하게 된 아이들, 즉 칭찬으로 행동이 동기화된 아이들은 칭찬이 없어지면 그 행동을 지속하기가 어려워진다. 또 칭찬의 양, 다시 말해 보상의 정도가 커져야 바람직한 수준의 행동을 유지할 수 있게 된다. 다른 중독 증상에서 나타나는 모습들이 고스란히 칭찬 중독에서도 나타나는 것이다.

아래의 그래프는 보상이 주어졌을 때와 보상이 주어지지 않았을 때의 반응 확률을 잘 나타낸다.

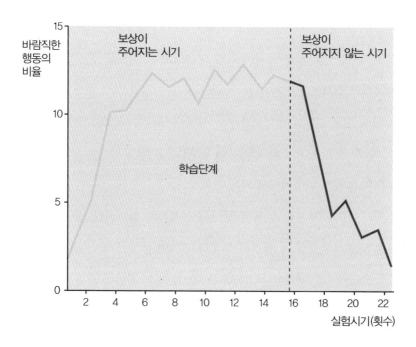

이 실험은 스키너의 고전적인 실험 중 하나로 보상이 주어지는 학습에서 일어나는 전형적인 현상을 시간과 보상이 주어지는 시기에 따라 나타낸 것이다. 그래프를 통해 알 수 있듯이 바람직한 행동을 할 때마다 보상이 주어지는 경우, 학습이 빨리 이루어지며 바람직한 행동 또한 빨리 습득한다. 문제는 이렇게 보상이 주어져서 강화된 행동은 이후 보상이 제대로 주어지지 않을 경우 그 행동을 하는 비율이 무섭게 줄어들거나 사라진다는 데 있다. 이러한 현상을 '소거'라고 한다.

규칙처럼 반복된 칭찬에는 무감각해진다

어떤 성과에 대해 칭찬을 받으면 성취감이 느껴져서 기분이 좋아지는 것은 당연하다. 그것을 통해 자신감을 얻고 어떤 일을 추진하는 힘을 얻을 수 있다면 칭찬이 상당히 긍정적인 작용을 했다고 볼 수 있다. 그런데 칭찬이 마치 규칙과도 같이 반복적으로 지속되면 칭찬에 무감각해지게 된다. 그래서 더 큰 칭찬, 더 좋은 보상이 아니고서는 그에 대해 어떠한 감흥도 못 느끼게 된다.

아이에게 이런 낌새가 엿보인다 싶으면 부모들은 두 가지 중 하나를 선택하게 된다. 이제 칭찬이 안 먹힌다 싶어 더 이상 칭찬을 하지 않는 경우가 있는가 하면, 아이에게 더 큰 감동을 주고 싶어 칭찬의 강도를 높이는 경우도 있다.

첫 번째 경우는 심리학 용어 중 앞에서 설명한 '소거'에 속한다. 소거는 보상을 받던 행동이 더 이상 보상으로 이어지지 않을 때 그 행동의 빈도가 줄거나 중단되는 현상을 말한다. 공부를 잘한다고 칭찬이나 보상을 받아왔는데, 그것이 없어지면 아이는 공부를 잘 안 하거나 아예 공부를 손에서 놓을 수 있다는 말이다.

두 번째 경우는 '칭찬 중독'을 일으키는 행위이다. 칭찬의 강도를 높인다 해도 그 효과가 오래갈 리 없다. 아이는 곧 더 큰 칭찬을 요구할 것이 분명하기 때문이다. 이렇게 칭찬의 강도와 빈도를 높이는 것은 칭찬에 대한 아이의 기대치만 높이는 꼴이 되고 만다. 이것이 바로 중독을 유발하는 것이다.

실제로 아이들의 중독 현상은 부모로부터 야기되는 경우가 많다. 어린 시절부터 브랜드를 따져가며 좋은 옷과 예쁜 신발을 사주기에 열을 올리던 부모들은 아이의 쇼핑 중독에 대해 왈가왈부할 자격이 없다. 그 아이들은 어렸을 때부터 그런 옷을 입고 액세서리로 치장을 해왔기 때문에 그것이 소거되면 자신의 존재감에 위협을 느끼게 된다.

게임 중독에 빠진 아이를 나무라는 부모들도 반성해야 한다. 게임 때문에 공부를 못 하고 숙제도 안 하는 아이를 나무라기에 앞서 아이가 게임에 빠질 만한 환경을 제공한 것은 아닌지, 아이가 게임을 하지 않고도 충분히 만족스러울 만큼 많은 교감을 나누고 있는지, 게임을 하지 않아도 즐거울 만큼 재미있는 기회를 많이 제공하고 있는지부터 확인해야 한다.

칭찬도 마찬가지이다. 어느 순간부터 칭찬을 해도 무감각해 보이는 아이에게 '사춘기가 온 것은 아닐까, 너무 띄워줘서 잘난 척하는 게 아닐까' 하는 염려부터 할 필요는 없다. 아이는 그저 더 이상 부모의 칭찬에서 동기를 찾을 수 없게 된 것뿐이다. 그러므로 그 원인을 아이가 아니라 무차별적으로 남발한 부모의 칭찬에서부터 찾아야 한다.

또 한 가지, 부모 역시 칭찬에 중독된다는 사실을 알아야 한다. 아이가 어떤 일을 했을 때 칭찬을 못 해준 것을 가지고 못 견디며 불안해하는 부모들이 있는데, 이것 역시 칭찬 중독의 한 단면이다. 마치 무슨 잘못이라도 저지른 양 아이에게 떳떳하지 못하고 미안해지는 것이다. 칭찬은 부모들이 아이에게 선사할 수 있는 가장 값지고 소중한 선물이라는 사실은 틀림없지만 칭찬을 하지 않았다고 해서 죄책감이나 불안감을 느낄 필요는 없다. 오히려 의무적인 칭찬은 아이의 칭찬 중독 현상을 부추기는 결과를 낳을 수 있다.

칭찬은 그야말로 칭찬이었을 때 가치가 있다. 긍정적인 결과에 대한 피드백이기 때문에 반드시 아이가 칭찬을 받을 만한 행동을 했을 때 적당한 언어와 행동으로 칭찬을 건네야 한다. 아이에게 칭찬이 필요하다는 것에 집착하여 무조건 많이, 그리고 무조건 좋은 말만 늘어놓는다면 그 칭찬은 아이에게 약이 되기는커녕 독이 되고 말 것이다.

칭찬에 중독되는 것을 막기 위해 가장 필요한 일은 보상을 제거하는 것이다. 보상은 외적 동기에 해당하기 때문에 아이의 몸은 움직이지만 마음은 움직일 수 없다. 게다가 중독 현상까지 일으킬 수 있으니 아예 처음부터 시도하지 않는 편이 좋다. 즉 아이를 칭찬에 중독시키지 않으려면 되도록 보상을 피해야 한다.

만약 보상이 이루어졌다면 보상을 받은 측면 이외의 다른 측면도 함께 인정하고, 아이가 하는 행동에 대한 의미를 잘 설명해주어 아이가 보상에 두는 의미를 희석하는 것이 좋다. 예를 들어 평소에 채소를 잘 먹지 않는 아이가 '채소를 잘 먹으면 장난감을 사주겠다'라는 엄마의 말을 듣고 채소를 잘 먹기 시작했다면 장난감을 사주지 않을 수 없다. 사주지 않으면 그것은 거짓말이 되기 때문에 더 나쁜 결과를 초래하게 된다.

이때는 보상은 해주되 '채소가 왜 우리 몸에 좋은지', '채소를 안 먹으면 어떻게 되는지'도 친절히 이야기해주어야 한다. '채소를 잘 먹는 아이는 피부도 좋아지고 키도 크고 힘도 세진다'고 알려주면 아이는 그 설명을 통해 채소를 잘 먹는 자신에 대한 긍정적인 이미지를 구축할 수 있다. 그렇게 되면 보상이 사라지더라도 아이는 채소를 잘 먹어 예쁘고 튼튼해진 자신의 이미지를 떠올리며 채소를 먹으려고 하게 된다.

그러나 이미 엎질러진 물이라면, 즉 이미 칭찬에 대한 중독이 심한 상태라면 생각보다 해독 과정이 힘들 수 있다. 이때는 좀 더 많은 시간과 정성을 들이면서 접근해야 한다. 가장 우선 해야 하는 일은 칭찬의 의미를 제대로 가르쳐주는 것이다. 칭찬이 다른 사람들 앞에서 떠벌리듯 자랑하는 것이 아니라, 또 어떠한 보상을 받기 위한 수단이 아니라, 어떤 것을 잘 수행하는 것에 대해 진심으로 인정을 받는 과정이라는 것을 직접 말과 행동으로 알려주어야 한다.

칭찬 중독에서 벗어나는 것은 오랜 시간을 필요로 한다. 그러나 애정과 관심을 두고 올바른 칭찬, 즉 평가하지 않는 칭찬을 하고 노력과 과정에 초점을 맞춰 칭찬하는 노력을 기울이면 충분히 극복할 수 있다. 더불어 아이가 진심으로 성취감을 느낄 수 있는 활동을 통해 자기 성장을 할 수 있는 경험을 쌓다보면 칭찬에 상관없이 스스로 즐기고 계속해서 노력하는 모습을 보여줄 것이다.

이와 더불어 아이의 학습 결과에 대해서만 칭찬하는 것이 아니라 아이의 올바른 사회성이나 도전, 실천 과정에 대해서 칭찬해줌으로써 아이가 칭찬에 대해 가지고 있는 오해를 풀어주는 과정도 함께해야 한다.

아이가 학원에서 본 시험에 100점을 맞았다. 그때 부모들은 말한다.

"잘했다."

아이의 기말고사 성적이 지난 학기보다 조금 향상되었다. 그때도 부모들은 말한다.

"잘했네."

아이가 글짓기 대회에서 상을 받아왔다. 그때 역시 부모들의 반응은 대부분 이렇다.

"잘했어."

무언가를 잘했으니 칭찬하는 것이 당연하다. 그렇지만 '잘했다'는 말 자체는 칭찬이 아니다. '잘했다'는 말과 함께 건네지는 축하와 격려의 마음이 진짜배기 칭찬이다. 아이는 단순히 '잘했다'는 말을 듣기 위해 엄마에게 높은 점수가 매겨진 시험지나 상장을 내미는 것이 아니다. 아이들은 진짜배기 칭찬을 받고 싶어 한다. 칭찬의 말을 통해 부모와 교감을 하고 싶은 것이다.

아이들은 부모의 형식적인 칭찬을 알고 있다

어느 날, 아이가 평소보다 높은 점수가 매겨진 시험지를 내밀었다. 여느 부모와 같이 자녀의 성적 향상은 내게도 매우 큰 기쁨이었다. 그래서 나는 내가 알고 있는 선에서 가장 효과적인 칭찬의 말을 건넸다.

"열심히 공부하더니 잘했구나."

이것은 결과보다 과정을 칭찬하는 말이며, 능력보다는 노력을 칭찬하는 말이었기 때문에 나의 칭찬으로 인해 아이가 평가 목표가 아닌 학습 목표를 향해 나아가는 데 큰 힘을 얻을 수 있기를 기대했다. 그런데 아이에게 뜻밖의 대답이 돌아왔다.

"엄마가 내가 열심히 공부했는지 어떻게 알아?"

사실 딸의 말 그대로였다. 아침 일찍 나갔다가 밤늦게 들어오는 내가, 집에 들어와서조차 온갖 책과 논문에 파묻혀 지내는 내가 아이가 어떤 공부를 얼마나 열심히 했는지 알 턱이 없었다. 바쁜 스케줄로 아이에게 무관심

했던 지난 시간을 칭찬 속에 적당히 얼버무리려고 했지만 아이는 내 마음을 정확히 꿰뚫고 있었다. 나는 심리학적으로 가장 효과적인 칭찬을 건넸으나 결국 본전도 못 건지고 오히려 아이의 마음에 상처를 주고 말았다.

아이들은 부모가 진정으로 자신의 수행 결과나 능력에 대해 인정하는 것이 아니라 형식적으로 평가하고 있다는 사실을 기가 막히게 눈치챈다. 유아기 때야 어떤 행동에 대해 부모가 칭찬해주면 세상을 다 얻은 것처럼 기뻐하면서 그 행동을 반복하는 모습을 보인다. 그래서 걸음마를 하다가 엉덩방아를 찧더라도 부모의 칭찬만 있으면 다시 웃으며 일어나 몇 걸음을 더 뗀다. 또 넘어져도 다시 일어나 자신에게 아낌없는 칭찬을 전하는 부모의 품에 안기려고 한다. 그야말로 걸음마하는 아이를 일곱 번 넘어져도 여덟 번 일어나게 하는 힘은 부모의 칭찬이다.

유치원에서 만들어온 것, 그려온 것이 엉망이어도 부모가 잘했다고 칭찬해주면 아이는 마치 자신이 큰일을 해내기라도 한 것처럼 뿌듯하고 행복해한다. 잘하고 못하는 것을 결과물 자체로 판단하는 것이 아니라 부모의 칭찬에 따라 판난하는 것이다. 부모가 잘했다고 하면 잘한 것이고 부모가 못했다고 하면 못한 것이다.

부모의 표정과 태도로 칭찬의 가치가 결정된다

초등학교 이후부터는 상황이 달라진다. 저학년이라도 예외는 없다. 초등학교 때부터는 아이에게도 자신이 실제로 잘했는지 못했는지를 판단할 수 있는 능력이 생긴다. 그래서 썩 잘한 것 같지 않은데 잘했다고 칭찬하면 머리가 혼란스러워진다. 그리고 눈치를 채기 시작한다. '잘했다', '훌륭하다'와 같은 칭찬은 모든 아이가 늘 듣는 형식적인 인사말에 불과하다는 사실을 말이다. 그래서 칭찬의 내용보다는 칭찬하는 부모의 표정이나 태도를 통해 칭찬의 가치를 매기기 시작한다.

이때 겉으로만 평가한 긍정적 피드백은 아이에게 오히려 어른의 칭찬이 가볍고 믿을 수 없는 것이라는 인식을 심어준다. 그래서 아이는 '잘했다'는 부모의 칭찬을 듣고도 자신이 과연 정말로 잘한 것인지 의심하게 되고, '고생 많았다'는 격려의 말에도 별다른 감흥을 느끼지 못한다. 극단적인 경우 인간적인 모멸감을 느낄 수도 있다. 정말 열심히 노력했는데, 부모가 '잘했다'는 한마디로 자신의 성과를 압축해 버린다면 배신감을 느낄 수도 있을 것이다.

칭찬의 횟수보다, 그리고 칭찬의 내용보다 더 중요한 것은 칭찬하는 마음이다. 그러니 아이를 칭찬할 때는 진심을 담아야 한다. 시험을 잘 본 것을 칭찬할 때는 먼저 시험공부를 하기 위해 큰 노력을 기울였을 아이의 상황을 헤아려야 하고 상을 받아온 것을 칭찬할 때는 아이가 상을 받았을 때의 기쁨을 함께 느껴야 한다. 그래야 아이의 마음과 공감하는 칭찬의 말이 나올 수 있다.

'잘했다', '머리가 좋다.' 등의 뜬구름 잡는 칭찬은 아이를
근거 없는 자만심에 빠뜨릴 수 있다. 반면, 구체적인 칭찬은
자신이 잘하는 것이 무엇인지 깨닫게 하고, 이것을 계속
반복하여 강화할 수 있도록 한다.

3장

약이 되는
칭찬은

따로 있다

"아이에게 칭찬을 많이 하십니까?" 하고 물으면 대부분의 부모가 '그렇다'고 대답한다. 다시 "그럼 아이를 어떻게 칭찬해주십니까?"라고 물으면 다음과 같이 답한다.

"너는 진짜 훌륭하다."

"우리 ○○이는 정말 대단하구나."

"너는 머리가 참 좋아."

"너는 성격이 정말 좋구나."

"정말 잘했어."

부모의 성향도, 칭찬의 상황도 다 다를 텐데 어쩜 이리도 칭찬의 말은 시대와 성별을 초월해 비슷한지 모르겠다.

이와 같은 칭찬은 매우 포괄적이기 때문에 도대체 무엇을 대상으로 칭찬의 말을 하고 있는지 분명하지 않다. 그래서 나는 이것들을 '뜬구름 잡는 칭찬'이라고 표현한다. 한마디로 아무 의미 없는, 아무 효과 없는 그저 덧없는 칭찬, 말뿐인 칭찬이라는 말이다.

'뜬구름 잡는 칭찬'은 근거 없는 자만심만 키운다

이런 뜬구름 잡는 칭찬은 아이들을 근거 없는 자만심에 빠뜨릴 가능성이 아주 크다. 자신이 실제로 어떤 기술을 발휘했고, 또 어떤 노력을 기울였기 때문에 성공을 했다고 생각하기보다는 내가 무조건 좋은 사람, 훌륭한 사람이기 때문에 잘했다는 결론을 내리게 만드는 칭찬이기 때문이다. 그래서 이와 같은 칭찬을 듣고 자란 아이들은 앞으로 더 많이 노력해야 한다거나 다른 능력을 발달시킬 필요가 없다고 느낄 수 있다. 이런 부작용은 여자아이들보다는 남자아이들에게 좀 더 강하게 나타난다.

포괄적인 칭찬으로는 아이가 앞으로 무엇을 더욱 강화하고 어떤 것을 키워나가야 할지에 대해 아무런 정보를 줄 수 없다. 따라서 다음에 잘하지 못했을 때도 자신의 어떤 점이 부족하니 그것을 개선해야 한다고 생각하기보다는 일반적인 상황에서 그 원인을 찾는다. 예를 들어 시험 성적이 좋지 않았다면 전반적으로 시험이 어려웠다던가, 난 머리가 나쁘다던가, 선생님이 잘 못 가르친다던가, 몸 상태가 좋지 않아 시험에 집중할 수 없었다던가 하는 핑계로 무기력해질 가능성이 있다.

이와 같은 포괄적인 칭찬의 역효과는 성인이 되어서도 사회생활을 방해하는 요인이 될 수 있다. 나와 친분이 있는 사람 중에 회사를 1년에 한 번씩 옮기는 이가 있다. 물론 어느 때는 1년을 조금 넘기기도 하지만 1년을 못 채우고 옮기는 경우도 있으니 평균을 따져 보면 한 회사에 다니는 기간이 대략 1년 정도 되는 것 같다. 그래서 30대 초반인 그녀는 벌써 일곱 번째 회사에 다니고 있다.

지인들은 회사를 그만두고도 다른 회사를 곧잘 찾아가는 그녀의 재주에 감탄했다. '얼굴이 예뻐서 그러나, 언변이 좋아서 그러나…' 그 비결을 찾기 위해 분주했다. 나 또한 그런 생각을 안 했던 건 아니다. 그러나 그녀가 회사를 네 번째, 다섯 번째, 여섯 번째 옮기고 나서 이번에 다시 일곱 번째 회사로 옮겼을 때는 옮기는 이유가 궁금해졌다. 흔한 경우는 아니었기 때문이다.

오랫만에 만난 그녀에게 물었다.

"왜 이렇게 회사를 자주 옮겨 다니는 거야? 보통 사람들은 한 회사의 시스템이나 직원들에 익숙해지면 굳이 낯선 것이 수두룩한 다른 회사로 옮기고 싶어 하지 않는데, 너는 정말 특별한 경우인 것 같아."

그랬더니 그녀가 대답했다.

"회사의 상사와 잘 안 맞는 것 같아요. 내가 서류를 만들면 무엇이 잘못되었다고 지적하는데, 내가 보기엔 아무 문제가 없고 오히려 상사가 제안하는 방향보다 내가 생각하는 쪽이 훨씬 나은 것 같거든요. 아무래도 나와는 생각이 좀 다른 것 같아서 함께 일할 수 없었어요."

고개를 끄덕이며 진지하게 들었지만, 사실은 좀 한심하고 어이가 없었다. 1년에 한 번꼴로 직장을 옮겨 다닌 이유가 결국은 이런 이유였다니 정말 머리를 한 대 쥐어박고 싶은 심정이었다.

직업이 직업인지라, 전공이 전공인지라, 그녀가 왜 이런 심리 상태에 이르렀는지를 따져보지 않을 수 없었다. 그래서 서로 많은 이야기를 나누었고, 결국 어린 시절 그녀의 아버지와 만날 수 있었다.

그녀는 어렸을 때부터 아버지에게 늘 이런 말을 들었다고 한다. "넌 최고다, 정말 잘했다, 너보다 더 똑똑한 사람은 없을 거다, 너는 판단력이 뛰어나기 때문에 네 생각은 언제나 옳다, 넌 어쩜 이렇게 머리가 좋니…."

늘 이런 말을 듣고 살았던 그녀는 정말 아버지의 말처럼 자신이 그렇다고 굳게 믿었을 것이다. 그래서 직장 생활을 할 때도 훨씬 더 많은 경험에 비춰 그녀의 부족한 부분을 지적하고 조언하는 직장 상사의 모습을 단지 자신과 생각이 다른 것으로 판단한 것이었다. 그래서 그녀의 선택은 부족한 부분을 채워 능숙하고 실속 있는 인재가 되려고 노력하는 것이 아니라 그저 자신과 생각이 다른 사람과는 함께 일할 수 없으니 그를 피해 직장을 옮기는 쪽이었다. 그러나 다른 직장이라고 직장 상사에게 지적을 받고 핀잔을 듣는 일이 없으라는 법은 없었다. 그때마다 그녀의 결론은 늘 같았고, 그녀의 선택도 매한가지였다. 그녀를 뜬구름 잡게 한 건 아버지의 칭찬이었다. 그녀의 예로 볼 수 있듯이 포괄적인 칭찬은 자녀의 올바른 미래를 위해서 반드시 삼가야 한다.

포괄적인 칭찬은 아이를 무기력하게 만든다

섬세한 아이들의 경우, 포괄적인 칭찬을 받았을 때 부모가 자신에게 무관심하다는 느낌을 받을 수 있다. 이 아이들은 상대방의 목소리나 말투, 표정에 따라 크게 흔들리는데, 포괄적인 칭찬은 무성의하고 무책임한 느낌을 줄 수 있기 때문이다. 그래서 칭찬으로 인해 되려 상처를 받을 수 있다.

자기효능감이나 자신감이 낮은 아이들은 포괄적인 칭찬이 크게 부담스러울 수 있다. 자신이 평가받고 있다는 느낌 때문에 선뜻 뭔가를 시도할 수 없게 되어 자신의 능력을 드러내는 것을 꺼리게 된다. 이것은 안 그래도 주눅 들어 있는 아이를 더욱 무기력하게 만드는 꼴이 되고 만다.

그러니 아이를 칭찬할 때는 반드시 구체적이고 자세하게 해야 한다. 예를 들어 암기 과목에서 좋은 점수를 얻었을 때는 단순히 똑똑해서 잘 외웠다는 칭찬보다는 "기억하는 방법이 좋다."는 식으로 구체적인 측면을 칭찬해 주어야 한다. 그림을 잘 그렸을 때도 그냥 그림 실력이 좋다든가 그림을 잘 그렸다는 칭찬보다는 "노란색을 쓰니 그림이 한결 밝아 보이고 봄의 느낌이 나는구나."라고 구체적인 색깔이나 구도, 붓의 터치 등을 자세하게 이야기하는 것이 좋다. 성격에 대한 측면을 칭찬하고자 할 때도 성격 자체보다는 그 성격에서 비롯된 행동의 측면, 즉 "양보를 잘했다.", "다른 사람을 잘 배려했다.", "센스 있게 잘 대응했네."와 같이 칭찬하는 것이 더욱 효과적이다.

이처럼 아이의 행동을 자세하고 구체적으로 칭찬해주면 아이는 부모가 자신의 강점이나 자신의 노력에 대해 세심하게 관심을 둔다고 생각하게 된다. 자신에 대한 부모의 신뢰와 애정을 확인하면서 정서적으로 풍요로워지는 것이다.

또한 구체적인 칭찬은 자신이 잘하는 것이 무엇인지 깨닫게 하고, 이것을 계속 반복하여 강화할 수 있도록 한다. 더불어 부족한 점은 무엇인지를 생각하게 만들어 부족한 부분을 조금씩 발전시키도록 동기화할 수 있다.

대표적인 귀인이론가이자 사회심리학자인 버나드 와이너(Bernard Weiner)는 개인의 성취 행동은 이전의 성공과 실패를 어떻게 해석하느냐에 따라 그 결과가 달라진다고 주장한다. 이러한 귀인은 사람들마다 그 양식이 다른데, 행동의 원인을 구체적이고 특정한 측면에 둘 것인가, 아니면 일반적이고 포괄적인 측면에 둘 것인가에 따라 성공과 실패를 해석하는 방향이 달라진다.

그렇다면 나는 과연 행동의 원인을 어디에서 찾고 있을까? 다음 설문을 통해 당신이 당신 아이에게 일어난 상황에 대하여 어떤 방식으로 귀인하는 지를 알아보자.

나의 귀인 성향(원인을 설명하는 방식)은?

① 제시되는 상황에서 당신의 자녀를 상상해보세요.
② 자녀에게 상황이 벌어진 이유를 생각해보고, 빈칸에 그 이유를 적어주세요.
　(다양한 이유가 생각날지라도, 가장 주된 이유를 적으면 됩니다.)
③ 빈칸에 적은 이유에 관한 2개의 하위질문에 모두 응답해주세요.
④ 1부터 7까지 중 해당하는 정도의 숫자 칸에 빗금으로 표시하세요.

예시 상황 : 당신의 자녀가 게임에서 졌다고 상상해보세요.

이런 일이 벌어진 가장 큰 이유는 무엇인가요?

（이유） 내 아이가 열심히 하지 않아서

❶ 빈칸에 적은 （이유）는 이런 상황에만 영향을 미칠까요, 아니면 다른 상황에도 영향을 미칠까요?

오직 이런 상황에만 영향을 미친다	1	2	3	4	5	6	7	여러 상황에 영향을 미친다

❷ 빈칸에 적은 （이유）에 대해서 자녀가 얼마나 조절 가능할 것이라고 생각합니까?

전혀 조절할 수 없다	1	2	3	4	5	6	7	조절을 매우 잘할 수 있다

1. 당신의 자녀가 학교에서 아이들에게 어떤 말을 했는데, 아이들이 비웃는 모습을 상상해보세요.

이런 일이 벌어진 **가장 큰 이유**는 무엇인가요?

(이유) _____

❶ 빈칸에 적은 (이유)는 이런 상황에만 영향을 미칠까요, 아니면 다른 상황에도 영향을 미칠까요?

오직 이런 상황에만 영향을 미친다	1	2	3	4	5	6	7	여러 상황에 영향을 미친다

❷ 빈칸에 적은 (이유)에 대해서 자녀가 얼마나 조절 가능할 것이라고 생각합니까?

전혀 조절할 수 없다	1	2	3	4	5	6	7	조절을 매우 잘할 수 있다

2. 당신의 자녀가 미술대회에 참가하기 위하여 그림을 그렸는데, 작품을 출품하지 못한 상황을 상상해보세요.

이런 일이 벌어진 **가장 큰 이유**는 무엇인가요?

(이유) _____

❶ 빈칸에 적은 (이유)는 이런 상황에만 영향을 미칠까요, 아니면 다른 상황에도 영향을 미칠까요?

오직 이런 상황에만 영향을 미친다	1	2	3	4	5	6	7	여러 상황에 영향을 미친다

❷ 빈칸에 적은 (이유)에 대해서 자녀가 얼마나 조절 가능할 것이라고 생각합니까?

전혀 조절할 수 없다	1	2	3	4	5	6	7	조절을 매우 잘할 수 있다

3. 자녀가 집에서 놀고 있는데, 당신이 자녀에게 크게 소리를 질렀다고 상상해보세요.

이런 일이 벌어진 **가장 큰 이유**는 무엇인가요?

(이유) _____

❶ 빈칸에 적은 (이유)는 이런 상황에만 영향을 미칠까요, 아니면 다른 상황에도 영향을 미칠까요?

오직 이런 상황에만 영향을 미친다	1	2	3	4	5	6	7	여러 상황에 영향을 미친다

❷ 빈칸에 적은 (이유)에 대해서 자녀가 얼마나 조절 가능할 것이라고 생각합니까?

전혀 조절할 수 없다	1	2	3	4	5	6	7	조절을 매우 잘할 수 있다

4. 자녀가 수학 숙제를 했는데, 문제를 많이 틀렸다고 상상해보세요.

이런 일이 벌어진 **가장 큰 이유**는 무엇인가요?

(이유) _____

❶ 빈칸에 적은 (이유)는 이런 상황에만 영향을 미칠까요, 아니면 다른 상황에도 영향을 미칠까요?

오직 이런 상황에만 영향을 미친다	1	2	3	4	5	6	7	여러 상황에 영향을 미친다

❷ 빈칸에 적은 (이유)에 대해서 자녀가 얼마나 조절 가능할 것이라고 생각합니까?

전혀 조절할 수 없다	1	2	3	4	5	6	7	조절을 매우 잘할 수 있다

5. 자녀가 복도를 걷고 있었는데, 넘어진 모습을 상상해보세요.

이런 일이 벌어진 **가장 큰 이유**는 무엇인가요?

(이유) _____

❶ 빈칸에 적은 (이유)는 이런 상황에만 영향을 미칠까요, 아니면 다른 상황에도 영향을 미칠까요?

오직 이런 상황에만 영향을 미친다	1	2	3	4	5	6	7	여러 상황에 영향을 미친다

❷ 빈칸에 적은 (이유)에 대해서 자녀가 얼마나 조절 가능할 것이라고 생각합니까?

전혀 조절할 수 없다	1	2	3	4	5	6	7	조절을 매우 잘할 수 있다

6. 어느 날 방과 후에 담임선생님께서 당신의 자녀에게 실망했다고 말씀하시는 모습을 상상해보세요.

이런 일이 벌어진 **가장 큰 이유**는 무엇인가요?

(이유) _____

❶ 빈칸에 적은 (이유)는 이런 상황에만 영향을 미칠까요, 아니면 다른 상황에도 영향을 미칠까요?

오직 이런 상황에만 영향을 미친다	1	2	3	4	5	6	7	여러 상황에 영향을 미친다

❷ 빈칸에 적은 (이유)에 대해서 자녀가 얼마나 조절 가능할 것이라고 생각합니까?

전혀 조절할 수 없다	1	2	3	4	5	6	7	조절을 매우 잘할 수 있다

7. 당신의 자녀가 친구들과 운동을 하고 있는데, 운동을 잘하지 못한다고 상상해보세요.

이런 일이 벌어진 **가장 큰 이유**는 무엇인가요?

(이유) _____

❶ 빈칸에 적은 (이유)는 이런 상황에만 영향을 미칠까요, 아니면 다른 상황에도 영향을 미칠까요?

오직 이런 상황에만 영향을 미친다	1	2	3	4	5	6	7	여러 상황에 영향을 미친다

❷ 빈칸에 적은 (이유)에 대해서 자녀가 얼마나 조절 가능할 것이라고 생각합니까?

전혀 조절할 수 없다	1	2	3	4	5	6	7	조절을 매우 잘할 수 있다

8. 자녀와 함께 쇼핑하러 갔다가, 당신과 자녀가 다투었다고 상상해보세요.

이런 일이 벌어진 **가장 큰 이유**는 무엇인가요?

(이유) _____

❶ 빈칸에 적은 (이유)는 이런 상황에만 영향을 미칠까요, 아니면 다른 상황에도 영향을 미칠까요?

오직 이런 상황에만 영향을 미친다	1	2	3	4	5	6	7	여러 상황에 영향을 미친다

❷ 빈칸에 적은 (이유)에 대해서 자녀가 얼마나 조절 가능할 것이라고 생각합니까?

전혀 조절할 수 없다	1	2	3	4	5	6	7	조절을 매우 잘할 수 있다

이 설문을 통해 부모는 내 아이가 어떤 행동을 했을 때 그 원인을 구체적이고 통제 가능한 측면에 귀인하는지, 아니면 전반적이고 포괄적인 측면에 귀인하는지를 확인할 수 있다. ❶ 문항들은 4보다 낮을수록 구체적이고 통제 가능한 측면으로 귀인하고, 4보다 높을수록 포괄적이고 전반적인 측면에 귀인함을 알려준다. ❷ 문항들은 ❶ 문항과는 반대로 점수가 4보다 낮을수록 포괄적이고 전반적인 측면에 귀인하고, 4보다 높을수록 구체적이고 통제 가능한 측면으로 귀인함을 알려준다.

한마디로 ❶ 문항들은 점수가 낮을수록, ❷ 문항들은 점수가 높을수록 바람직한 선택을 하고 있다는 뜻이다. 우리나라 부모들은 ❶ 문항에 있어서는 귀인 성향에 기준이 되는 점수인 4.1의 평균 성향을 지니며, ❷ 문항에 있어서는 4보다 높은 5.2의 평균 성향을 지닌다는 연구 결과가 있다.

만약 ❶ 문항을 전체 합산한 점수가 32를 넘으면 아이의 문제가 통제 가능하지 않다고 여기는 경향이 높다고 해석할 수 있고, ❷ 문항을 합산한 점수가 40보다 낮으면 아이의 문제가 통제 가능하지 않다고 여기는 경향이 높다고 해석할 수 있다. 이런 경우, 부모가 바람직한 칭찬을 하고 있지 못할 가능성이 크다. 하지만 이것은 연습으로 충분히 바뀔 수 있으니 아이의 문제에 대해 더 다양한 이유를 생각하면서 따뜻한 칭찬과 격려로 아이를 지원해줄 수 있도록 노력해야 한다.

버나드 와이너뿐만 아니라 많은 심리학자가 어떤 일을 성공하거나 실패하는 것은 그 원인을 구체적이고 특정한 측면에서 찾느냐, 아니면 일반적이고 포괄적인 것에서 찾느냐에 달려있다고 판단하고 있다. 성공한 이유 혹은 실패한 이유를 구체적으로 따져봐야 성취감이 높아지고 정서적으로 안정되며 동기가 높아진다는 것이다.

구체적 칭찬으로 올바른 정보를 주어라

아이들이 두발자전거를 타는 데 처음으로 성공했을 때 부모가 그저 '잘 탄다', '잘했다'라고 칭찬한다면 아이들은 그냥 자신이 원래부터 자전거 타는 능력이 좋은 것으로 생각할 것이다. 그런데 다음에 다시 두발자전거를 탔을 때 처음 탔을 때와 달리 넘어지고 앞으로 나아가는 것이 수월치 않다면 아이들은 혼란을 겪을 것이다. 자신이 자전거를 잘 타는 줄 알았는데 그것이 아니었기 때문이다.

이럴 경우 아이들이 대처하는 방법은 각자 다를 것이다. 잘 타는 줄 알았다가 다시 못 타게 된 것이 부끄러워 아예 자전거를 타는 것을 포기하는 아이도 있을 것이고, 자신이 자전거를 잘 탄다는 것을 다시 한번 증명하기 위해 수없이 넘어지며 무릎과 팔꿈치에 피가 나도 모를 만큼 연습을 하는 아이도 있을 것이다. 다른 사람이 없을 때만 몰래 연습하는 아이도 있을 것이고, 자전거 탓을 하며 당장 자전거를 바꿔달라고 투정 부리는 아이도 있을 것이다.

사실 그 어떤 경우도 바람직하다고 볼 수 없다. 그렇다고 아이를 탓할 수는 없다. 처음부터 부모의 칭찬이 잘못되었기 때문에 분명 원인은 부모에게 있는 것이다. 아이가 처음 두발자전거를 타는 데 성공했을 때 이렇게 칭찬했더라면 어땠을까?

"이번에는 중심을 잘 잡아 두발자전거 타는 데 성공했네."

그렇다면 아이는 중심을 잘 잡아야 두발자전거를 탈 수 있다는 것을 깨닫고, 다음에 탈 때도 중심을 잡기 위해 노력할 것이다. 그리고 그것이 강화되면 어느새 자전거 타기 고수가 되어 있을 것이다.

부모들이 아이들에게 가장 많은 관심을 기울이고 가장 많은 걱정을 하는 공부에서도 반드시 구체적인 칭찬을 해야 한다. 생활 태도에서도 마찬가지이다. 구체적인 칭찬은 아이에게 격려와 보상이 될 뿐만 아니라, 더 잘할 수 있는 방법과 요령을 가르쳐줄 수 있는 지름길이라는 사실을 깨달았으면 한다.

물론 이것은 꾸중할 때도 마찬가지이다. 칭찬을 하든지 꾸중을 하든지 거기에는 정보가 담겨있어야 한다. '똑똑하다, 멍청하다, 느리다, 빠르다, 완벽하다' 등과 같은 판단은 아이의 학습에 전혀 도움이 되지 않는다. 성공했다면 왜 자녀가 성공할 수 있었는지, 실패했다면 어디서 뭐가 잘못된 것인지 정확히 짚어주어야 한다. 이때는 '방법이 틀렸다'든지, '시간 조절이

잘 안 됐다'와 같이 다음에는 아이 스스로 고칠 수 있는 것 중심으로 이야
기해야 한다.

다시 한번 말하지만 아이를 판단하는 칭찬이 아니라 성장하고 발전하는
데 도움이 되는 정보를 구체적으로 제공하는 칭찬을 해야 한다. 그것이 무
언가를 더 잘하려 하는 성취 능력을 높이는 최고의 칭찬이다.

결과가 아니라

과정을
칭찬하라

이제 열 살이 된 주혁이는 과제를 수행하는 중에 늘 확인받고자 한다. 만약 열 개를 해야 완성이 되는 일이라고 한다면 한 개가 끝날 때마다 어김없이 묻곤 한다.

"나 잘했어요?"

"이번엔 별로 못했지요?"

"이 중에서 누가 제일 잘한 것 같아요? 나는 몇 등이에요?"

주혁이는 뭐 하나 제대로 끝내기도 전에 늘 이런 질문을 해온다. 주혁이에게 중요한 것은 결과, 혹은 평가 외에는 없는 것 같았다. 어떠한 재미있는 과제를 주더라도 주혁이에게 중요한 것은 과제를 해결해 나가는 기쁨보다는 그저 '잘했냐, 못했냐'라는 질문에 대한 나의 대답이었다. 그러므로 문제를 해결해 나가는 과정에는 아무런 의미를 부여하지 않았다.

어떤 일이든 과정이 없으면 결과가 없다. 주혁이는 그것을 전혀 모르고 있었다. 이러한 경우가 드물지 않다. 대개 부모가 결과에 치중하여 과정에 대해서는 아무런 격려나 칭찬을 받지 못하고 오직 결과에 의해서만 평가를 받아온 아이들에게 흔히 나타나는 상황이다.

결과는 상황에 따라 언제든지, 얼마든지 달라질 수 있다. 그러니 중요한 것은 과정이다. 과정이 탄탄하고 꾸준하면 결과를 뒤집을 가능성이 다분하다. 그래서 부모는 아이가 과정을 중요하게 여기고 과정에 충실해지도록 큰 노력을 기울여야 한다.

그런데 현실은 어떠한가? 많은 부모가 여전히 높은 점수, 상장, 성취 등의 결과에 집중하여 아이를 칭찬한다. 그리고 이는 아이로 하여금 결과만이 노력의 가치를 따지는 전부라고 생각하게 만든다. 그래서 안타깝게도 자신이 칭찬받을 만한 좋은 사람이라는 것을 증명하기 위해 거짓말이나 커닝 같은 부정한 방법을 선택하기도 한다. 이렇게 결과 제일주의 아래 자란 아이들은 과제를 수행할 때 반드시 좋은 결과를 내야 한다는 스트레스 때문에 마음의 병을 앓을 가능성이 크다.

앞서 노력에 귀인하지 않고 능력에 귀인하면 아이들이 학습 목표보다는 평가 목표에 집착하여 새롭거나 어려운 과제에 도전하는 것을 꺼리게 된다는 이야기를 한 바 있다. 그래서 아예 과제 수행을 포기하거나 어쭙잖은 핑계를 대며 원인을 주변 환경으로 돌리는 어처구니없는 경우가 발생한다는 언급도 한 바 있다.

이것은 생각보다 꽤 심각한 결과를 초래한다. 아이에게 도전 의식이나 목표 의식이 없다는 건 미래에 대한 꿈이 없다는 것과 매한가지이기 때문이다. 꿈을 이루기 위해 노력하고 도전하고 꿋꿋해야 할 시기에 평가받는 것이 두려워 아무것도 할 수 없고 아무것도 하기 싫어한다면 그 아이에게 핑크빛 미래가 있을 리 만무하다.

결과를 칭찬하게 되면 능력에 귀인한 것과 똑같은 결과를 초래한다. 결과만을 칭찬하면 아이들은 부모의 관심사가 오직 결과에만 있다는 사실을 인식하고 좋은 평가를 받기 위해 결과를 끌어올리는 데 모든 에너지를 쏟아붓게 된다. 결국 오직 결과에 집착하는 평가 목표를 가진 아이, 우수한 결과를 위해서는 부정한 행위도 서슴지 않는 아이로 성장할 가능성이 크다. 여기에서 한 발 더 나아간다면 평가가 두려워 아예 도전조차 하지 않고 어떠한 일을 하더라도 무기력해지는 아이가 될 수도 있다.

수행 과정에 세심한 주의가 필요하다

수행 과정을 중심으로 칭찬하게 되면 아이들은 과정에 충실해야 좋은 결과를 얻을 수 있다고 생각한다. 즉 실패를 하나의 과정으로 인식하면서 다음에는 좀 더 나은 결과를 얻기 위해 더 큰 노력을 기울이게 된다. 과정을 칭찬하는 것은 노력을 칭찬하는 노력 귀인과 같은 맥락이다.

그런데 과정을 중심으로 칭찬한다는 것이 생각보다 간단하지 않다. "열심히 노력해서 좋은 결과를 이루었구나."라는 말로 과정을 칭찬했다고 만족했다가는 큰코다친다. 과정을 칭찬하기 위해서는 과정에 무엇이 포함되는지부터 알아야 한다. 어떤 일을 시작하겠다는 아이의 결심에서부터 계획 짜기, 실행 과정, 효과적인 책략 등에 대해 전반적으로 인식하면서 각각의 과정 모두를 칭찬의 대상으로 삼을 수 있어야 한다.

이 말은 곧 아이가 어떤 일을 성취해 나가는 과정에 세심한 주의를 기울이고 살피라는 것이다. 과정을 칭찬하기 위해서는 과정에 관심을 가져야 한다. 그러므로 과정을 칭찬하라는 말은 곧 아이가 어떤 일을 해 나가는 과정에 일일이 관심을 가지면서 그때그때 필요한 칭찬과 격려를 해줘야 한다는 뜻이다.

이때 물론 아이의 작은 노력이나 시도에도 관심을 가지면서 칭찬해줘야 한다. 아이가 어떤 일을 해 나가는 과정에 관심을 기울이게 된다면 아이의 감정 변화를 금세 눈치챌 수 있다. 만약 아이가 수행의 결과 때문에 걱정하고 불안해하고 있다면, 결과보다는 노력하는 과정이 중요하다는 것을 일깨워줘야 한다. 어려운 문제를 하나 해결했을 때 그 기쁨을 함께 나눌 수도 있어야 한다. 과정을 모르는 부모는 겨우 한 시간에 한 문제를 풀었냐고 꾸중을 늘어놓겠지만 과정을 관심 있게 지켜본 부모는 답을 향해 어렵게 한 발한 발 나아간 아이의 수고가 기특해서 칭찬하게 될 것이다. 그것이 바로 과정을 아는 부모와 과정을 모르는 부모의 차이다.

물론 칭찬할 때는 아이의 수준이나 나이를 고려하여 칭찬의 난이도를 달리해야 한다. 유아기 아동의 경우에는 왜 노력하는 과정이 결과보다 더 중요한지를 이해하지 못할 수도 있다. 이들에게 있어 결과보다 과정이 중요하다는 것은 이해하기 어려운 추상적인 개념이기 때문이다. 아마 결과가 무엇인지, 과정이 무엇인지부터 알지 못할 것이다.

그런 아이에게 과정의 중요성을 강조해 봤자 우이독경(牛耳讀經)이요, 마이동풍(馬耳東風)이다. 그러니 어린아이들에게는 결과보다 과정이 중요함을 직접적인 언어로 전달하는 것보다는 어떤 일을 수행하는 과정에서 그것을 자연스럽게 터득할 수 있도록 하는 것이 좋다. 예를 들어 어떤 작품을 완성할 때 그것이 완성되기까지의 과정을 함께 이야기하면서 한 단계씩 완성해 나갈 때마다 칭찬을 해주고 다음 단계는 어떻게 해나갈지 이야기를 나누는 것이다. 만약 완성된 결과가 만족스럽지 않더라도 작품을 만들어 나가는 과정에서 아이가 쏟았을 노력에 대해서는 반드시 칭찬해준 다음, 그 중에서 특히 잘된 부분을 찾아 여기까지는 이런 점을 잘했다고 구체적으로 칭찬해주면 된다.

이것조차 이해할 수 없을 만큼 더 어린아이들에게는 여러 단계를 거쳐 성공에 이르게 된 이야기가 담긴 책을 읽어주는 것이 효과적이다. 이야기를 들으며 아이가 과정과 노력에 대해 긍정적인 생각을 가질 수 있기 때문이다. 아이의 흥미를 유도하기 위해 보드게임을 활용할 수도 있다. 놀이 시간이 좀 오래 걸리더라도 내용이 복잡하고 수행 과제의 난도가 높아서 인내력을 기르고 사고력을 높일 수 있는 보드게임을 함께하며 단계적 성취를 격려하는 것도 좋은 방법이다.

이 모든 방법은 아이가 어떤 과제를 해 나가는 과정을 부모가 세심하게 살피는 것이 전제 조건이 되어야 한다. 적어도 부모라면 아이가 무엇을, 어떻게, 왜 하고 있는지 정도는 알아야 한다. 아이가 무슨 공부를 하고 있는지도 모르고, 아이가 그 문제를 어떻게 풀고 있는지도 모르며, 아이가 그 문제를 왜 풀고 있는지조차도 모르는 부모에게는 잘했다 못했다를 평가할 수 있는 자격이 없다.

만약 밤을 꼬박 새워가며 만든 기획안을 상사가 단 30초 만에 훑어보고는 쓸 만한 내용이 하나도 없다고 핀잔을 주면 온갖 원망과 절망이 마음속에 가득해질 것이다. 그 상사가 미워질 것이고 회사에 가기도 싫어질 것이다. 상사가 미워지고 회사가 싫어지는 순간 사회생활에는 적신호가 켜진다. 과정을 무시당한 아이가 겪는 심정도 이와 다를 바 없다.

문제에 대한 답을 대충 찍어서 운 좋게 알아맞히는 것을 반길 부모는 한 명도 없다. 커닝하거나 해답지를 보고 만점을 받기를 원하는 부모도 없을 것이다. 하지만 결과만을 가지고 아이를 평가하게 되면 내 아이가 그런 길을 걷게 될지도 모른다. 그러므로 부모는 늘 아이의 과정에 관심을 두고, 아이가 노력하는 과정을 소중하게 여기고 아름답게 받아들일 수 있는 마음가짐을 갖춰야 한다.

어릴 때 한 번쯤 읽어본 전래동화 '콩쥐팥쥐'를 떠올려보자. 콩쥐는 계모와 팥쥐를 따라 잔칫집에 가고 싶어하지만 계모는 잔칫집에 가기 위한 조건으로 콩쥐에게 어마어마한 과제를 낸다. 그중 하나가 바로 바닥에 구멍이 뚫린 독에 물을 가득 채우라는 것이었다. 자신이 통제할 수 없는 과제를 부여받은 콩쥐는 잔칫집에 가는 것을 거의 포기하고 눈물만 뚝뚝 흘린다.

물론 동화에서는 적시에 두꺼비가 나타나 콩쥐를 도와주었지만, 이런 행운은 현실에서는 일어나지 않는다. 혹시나 행운이 따르더라도 이렇게 알맞은 시기에 적당한 인물이 나타나 갈등이나 위기를 단번에 해소해주는 경우는 없다.

만약 콩쥐가 전래동화가 아닌 현실에서 이런 과제를 부여받았다면 콩쥐는 구멍 뚫린 독에 물을 채우는 것을 진작 포기했을 것이다. 동화 속 장면처럼 구멍 뚫린 독 옆에서 하염없이 눈물을 흘리다가 슬며시 물러났을지도 모르고, 이딴 과제를 어떻게 수행하느냐고 화를 내면서 독을 깨뜨려버렸을 수도 있다. 이것이 현실이다.

통제할 수 없는 상황은 모든 것을 포기하게 만든다. 이것은 단지 그 과제를 포기하는 것에 끝나지 않고 자신의 삶에, 자신의 역할에, 자신의 존재에 대해 무기력하게 느끼게 하는 결과를 초래하기도 한다. 자신에게 주어진 상황을 통제할 수 없다면 동기적, 인지적, 정서적 결손이 나타날 수밖에 없다.

아이들에게는 이것이 매우 부정적인 자아 개념인 '학습된 무기력'으로 나타날 수 있다. '학습된 무기력'이란 실패가 누적되면서 아무리 노력해도 성공할 수 없다는 실패할 운명으로 태어났다고 느끼는 것이다(셀리그먼). 이런 유형의 학생은 실패를 거듭할수록 '나는 멍청해.'라고 그 실패를 내적으로 귀인하며, 절망감과 수치심을 가지며, 그 어떤 것도 그 누구도 자신에게 도움을 줄 수 없다고 생각해 도움을 구하려고 하지 않고, 과제를 수행하려는 시도조차 보이지 않는다.

이런 아이는 과제를 수행하려는 시도를 보이지 않기 때문에 자칫 공부를 포기한 아이로 보일 수 있다. 그러나 공부가 하기 싫어 공부를 포기한 아이와 방어적인 방편으로 학습을 회피하는 아이는 구별해야 한다. 전자의 경우는 원인이 아이 자신에게 있어 웬만하면 개선하기 힘들지만 후자의 경우는 주변 환경이나 사람들에 의해 공부를 포기한 경우가 대부분이므로 주변에서 도움을 주면 개선 가능성이 크기 때문이다. 이것은 부모뿐만 아니라 교사들도 정확히 판단해야 하는 문제이다.

통제할 수 없는 칭찬은 아이를 무기력하게 만든다

마찬가지로 통제할 수 없는 칭찬도 아이의 무기력을 불러온다. 2장에서 언급했다시피 '잘했다, 똑똑하다, 훌륭하다' 등과 같이 능력에 귀인하여 칭찬을 하면 아이가 기뻐할 것이라 생각하지만 그것은 크나큰 착각이다. 능력은 타고난, 정해진, 불변하는 요소이기 때문에 아이는 자신이 통제할 수 없는 영역이라 판단한다. 그래서 결과가 잘되고 못되고를 타고난 '운명'에 맡기는 안타까운 일이 발생하고 만다.

그에 반해 노력은 후천적인 요소이며 어떻게 하느냐에 따라 변하는 것으로 생각한다. 그래서 노력에 대해 칭찬을 하면 아이는 자신이 이룬 성과에 대해 더 자랑스러워하고 더 만족스러워한다. 자신의 힘으로 해냈다는 성취감 때문이다. 아동심리학에 대해 오랜 시간 동안 많은 연구를 해온 드웩 역시 지능이나 노력과 같이 아이가 통제할 수 있는 요인에 귀인하는 것이 훨씬 효과적이라고 주장하고 있다.

심리학자 캐럴 드웩은 1995년 성취동기와 관련된 중요한 요인으로 암묵적 특질 이론을 강조하였다. '암묵적 특질 이론'이란 각 개인이 자신의 지적 능력이나 성격과 같은 특질에 대해서 가지는 기본적인 이론이나 신념을 의미한다. 드웩에 따르면, 암묵적 이론에 따라 사람들은 크게 불변론자(entity theorist)와 가변론자(incremental theorist), 이 두 가지 유형으로 구분된다.

예를 들어 지능의 불변론자는 지능은 변하지 않는 실체라 믿으며 행동의 몇몇 결과를 기초로 쉽게 자신의 지능을 판단하고 평가하려 한다. 반면 지능에 대한 가변론자들은 지능이란 변화 가능하고 유동적이며 시간과 공간에 따라 다르게 나타날 수 있다고 믿는다. 드웩은 각 개인이 가진 암묵적 특질 이론이 목표 설정에 중요한 역할을 한다는 것을 발견하였다. 지능에 대해 가변론을 가진 아동들은 과제 상황을 자신의 능력을 증가시키는 기회로 삼는 '학습 목표'를 추구한다. 따라서 실패를 경험해도 이것을 새로운 것을 학습할 기회로 여겨 더욱 효과적인 책략을 찾는 등의 목표수행적인 반응을 보였다. 반면 불변론을 가진 아이들은 지적인 과제 상황에서 '평가 목표'를 추구하여 실패를 경험했을 때 무기력한 반응을 보였다.

만약 지능에 대해 다음과 같은 의견을 보인다면 불변론자에 해당한다.
- 머리가 좋고 나쁨은 타고나는 것이다.
- 새로운 기술을 배울 수는 있어도 머리가 더 좋아지는 것은 불가능하다.
- 아이가 어떤 문제를 푸는 것을 한번 보면 대번에 머리가 좋은지 나쁜지 알 수 있다.
- 성격은 타고나는 것이지 변화할 수 없다.
- 아이가 친구랑 노는 것을 한번 보면 금방 아이의 성격을 알 수 있다.

반면 지능에 대해 다음과 같이 생각한다면 가변론자에 해당한다.
- 여러 가지 학습 훈련을 통해 지능을 계발시킬 수 있다.
- 지능은 노력하면 원하는 만큼 좋게 만들 수 있다.
- 사회성이 떨어지는 아이들도 친구 사귀기와 같은 기술들을 배울 수 있다.

드웩은 아이들은 어른들의 귀인 반응을 보고 귀인 반응을 학습한다고 이야기한다. 그래서 지능에 대한 귀인을 경험한 아이들은 이후의 과제 수행에서도 성공이든 실패든 계속 지능을 중요한 원인으로 판단한다. 특히 지능에 귀인하는 사람들의 특징은 지능이 변하지 않는다고 생각하는 불변론자일 가능성이 크다. 만약에 아직 어린아이가 지능 불변론자의 입장이 되면 작은 실패에도 자신의 능력은 형편없다는 생각에 쉽게 자신감을 잃고 무기력해진다.

이러한 아이에게 통제 가능한 과제를 주고, 그 과제를 훌륭히 수행했을 때 통제 가능한 노력이나 과정에 대해 칭찬을 해주면 아이는 더욱 분발하게 된다. 과제의 선택에서부터 과정, 결과까지 모두 자기가 통제할 수 있다는 생각에 더 재미있고 더 자신 있게 과제를 수행하게 되는 것이다.

통제할 수 있는 부분을 칭찬하는 것은 아이가 지능이나 성격과 같은 심리적 특성에 대한 태도를 형성하는 데 중요한 역할을 한다. 올바른 칭찬은 지능이 절대 변화할 수 없다고 믿는 불변론자보다 노력과 훈련을 통해 지능이 변화할 수 있다고 믿는 가변론자로 키우는 것에 한몫한다는 것이다.

그럼에도 불구하고 많은 부모가 아이가 감당할 수 없는 과제를 제시하고, 그 과제를 수행하지 못했을 때에는 지능에 귀인하여 나무라곤 한다. 아직 초등학교에 입학하지도 않은 아이에게 영어 그림책 읽기를 강요하고, 초등학교 저학년인 아이에게 한자 급수시험을 제안하며, 그것을 제대로 못했을 때는 아이의 지능 탓을 한다. 초등학교 고학년 아이에게는 중학교 과정 수학을 선행학습하도록 강요하고, 친구 딸의 성적과 친척의 학습 진도와 비교하며 아이를 주눅 들게 만든다.

모든 것은 아이가 통제할 수 있는 선에서 이루어져야 한다. 그래야만 아이는 성취감을 느끼면서 더 어려운 과제에도 선뜻 도전하는 모습을 보이게 된다. 이를 위해 아이가 어떤 과제를 선택하여 어떤 과정으로 진행할지에 대해 계획을 세울 때 부모와 아이가 함께 의논할 것을 권한다. 처음 시작부터 아이가 통제할 수 있는 양과 난이도에 대해 충분히 이야기하고 그것을 수행하는 과정을 면밀히 살펴보면 과제를 수행해 나가는 아이의 노력을, 이루어 나가는 과정을 칭찬하지 않을 수 없다. 그래서 굳이 인식하지 않더라도 자연스럽게 통제 가능한 상황에 대한 칭찬을 하게 된다.

칭찬은 대단할 필요도 없고, 많은 시간을 들일 필요도 없고,
요란스러울 필요도 없다. 눈은 아이에게 고정하고
웃는 얼굴로 긍정적이고 희망적인 내용을 말하기만 하면 된다.
말로 하는 칭찬이 어렵다면 표정이나 행동으로 보여주자.

4장

고래도
춤추게 하는

칭찬의
기술

단순한 립서비스는

칭찬이 아니다

기계적으로 반복되는 칭찬은 소음에 불과하다. 설거지하느라, TV 드라마를 보느라, 외출 준비를 하느라 자랑스레 상장을 내미는 아이에게 무미건조하게 '잘했다'라고 말하고 넘어간 적은 없는가? 100점 맞은 시험지를 들고 와서 한참 들떠있는 아이에게 무심한 표정과 말투로 칭찬의 말을 건넨 적은 없는가? 그랬다면 당신은 그때 아이에게 칭찬을 한 것이 아니라 단순히 립서비스를 한 것에 불과하다.

버릇처럼 내뱉는 칭찬은 칭찬이 아니다

칭찬이 칭찬으로서 역할을 하기 위해서는 말에 앞서 마음이 전해져야 한다. 아이가 아직 어려 단순하고 미숙하다고 생각한다면 큰 오산이다. 마음이 전해지지 않는 칭찬을 아이들은 기가 막히게 눈치챈다.

"엄마가 칭찬을 하고 또 하면 정말 짜증이 나요. 어떨 땐 별거 아닌 일이거든요. 정말로 내가 생각하기엔 아주 작은 걸 했을 뿐인데, 가령 덧셈을 잘했다든지 하는 걸 가지고 자꾸 칭찬하면 화가 나기도 해요."

8세 여아가 한 말이다. 아마도 부모가 문제를 하나씩 풀 때마다 '잘했다, 훌륭하다, 똑똑하다'는 말을 늘어놓은 모양이다. 듣기 좋은 소리도 계속하면 지겹다는 말도 있다. 하물며 이렇게 기계적으로 반복되는 립서비스는 소음에 가까울 정도이다.

말을 그럴듯하게 해서 상대방의 마음을 사로잡는 기술인 립서비스는 곳곳에서 자주 접할 수 있다. 물건을 사러 대형마트에 들어가면 직원들이 친절한 목소리로 '어서 오십시오, 반갑습니다, 행복한 하루 되세요'라고 끊임없이 말한다. 그런 인사말을 들으면서 그들이 진심으로 내가 온 것이 반갑고, 그들이 진심으로 내 하루가 행복하기를 바라고 있다고 믿는 고객은 없다. 그들은 그저 주어진 역할을 의무적으로 할 뿐이다. 말 그대로 립서비스에 불과한 것이다.

말로 하는 칭찬이 어렵다면 차라리 표정이나 행동으로 보여줘라

마음이 담기지 않은 칭찬은 대형마트 직원들이 나의 행복을 기원해주는 말과 다를 바 없다. 내가 그들의 립서비스를 들으면서 그 말이 그들의 진심이 아닐 거라고 생각하는 것처럼 아이들도 마음이 담기지 않은 칭찬을 들으면 그것을 단지 부모의 의무를 다하기 위한 립서비스라고 생각한다.

칭찬에는 반드시 진실한 마음이 담겨있어야 한다. 진실한 마음이 담긴 칭찬만이 아이의 피나는 노력과 힘든 과정에 공감할 수 있고, 정보와 나아갈 방향에 대해 알려줄 수 있으며, 인생의 조력자 역할을 할 수 있다.

언변이 부족하여 도무지 자신의 마음을 말로 담을 수 없다면 다양한 비언어적 채널을 이용할 수도 있다. 똑같은 말이라도 말투나 몸짓으로 인해 전혀 다른 의미로 전달될 수 있다. 모호한 표현은 오히려 칭찬이 아니라 비아냥거리는 것으로 느껴질 수도 있으므로 언변이 부족하다면 차라리 언어적으로 표현하지 말고 비언어적으로 접근하는 것이 좋다.

때로는 말이 필요 없이 환하게 웃어주는 것만으로도 충분할 수 있다. 미소는 굳이 말로 하지 않아도 진심이 전달되고 서로를 인정하는 효과를 거둘 수 있다. 쓰다듬거나 안아주거나 토닥여주는 것도 마음을 전달하는 데 효과적인 비언어적 표현이다. 오히려 이러한 행동이 칭찬의 말보다 부모의 느낌을 더 빠르게 전달할 수 있는 지름길이 되기도 한다. 스킨십을 통해 아이는 자신이 진정으로 사랑받고 인정받고 있으며 부모가 솔직하게 자신의 기쁨을 표현하고 있다고 생각하게 된다. 반면 격려의 몸짓 없이 말로만 전해지는 칭찬은 아이들에게 부모에게서 사랑받지 못하고 있다든가 무시당하고 있다는 느낌을 들게 할 수 있다. 아이를 지지하고 도와주겠다는 의도가 좋더라도 타이밍이나 방법이나 잘못되었다면 그 칭찬은 본전을 찾기는커녕 오히려 아이와의 관계를 어렵게 하거나 아이를 불편하고 불안하게 만들 수 있다.

진심으로 칭찬하고 싶다면 우선 아이의 마음속으로 깊이 들어가야 한다. 아이가 느끼는 정서를 찾아내어 그것을 인정할 수 있어야 한다. 그래야만 아이가 자신의 성공이나 기쁜 경험에 대해 행복해하거나 자랑스러워할 때 민감하고 세심하게 반응할 수 있다.

칭찬의 다른 형태, 격려

칭찬은 반드시 잘한 것을 잘했다고 평가하는 데 한정되는 것은 아니다. 아이들이 바람직하지 않은 행동을 보일 때, 평소와는 다른 행동을 보일 때도 칭찬의 힘을 빌릴 수 있다. 그러나 바람직하지 않은 행동을 할 때 잘했다고 칭찬할 수는 없는 노릇이니, 이때는 조금 다른 형태의 칭찬으로 접근해야 한다. 바로 격려이다.

간혹 아이가 누군가를 질투하며 슬퍼하거나 분노할 때도 이를 절대로 부인하지 말고 인정하고 지원하는 것이 좋다. 질투심은 친구를 부러워하고 시기하는 마음도 있지만 그 속을 깊이 들여다보면 나도 잘하고 싶다는 바람이 담겨 있다. 그러므로 무조건 질투하는 마음을 꾸중하기보다는 아이가 왜 그러는지, 무엇을 원하는지를 제대로 파악하여 바람직한 것은 격려해주고 부족한 부분은 함께 고민하고 도와주어야 한다. "○○이가 너보다 ○○○을 더 잘해 속상했니? 너도 잘하고 싶구나. 어떻게 하면 좋을까? 엄마랑 같이 연습을 더 할까?" 하고 마음을 읽어주면 아이가 바람직한 방향으로 개선해 나갈 수 있는 여지가 분명해진다. 한마디로 질투는 비난받고 야단맞아야 할 일이 아니라 위로받고 격려받아야 할 일인 것이다.

또한 아이가 친구와 잘 지내지 못한 것에 대해 미안해하고 안타까워하는 마음을 표현할 때는 부모가 아이의 솔직한 표현을 수용하고 인정할 수 있어야 한다. 단, 아이가 이를 자기 혼자서 해결하고 싶어할 때는 말없이 기다려주는 자세도 필요하다.

칭찬은

아끼지
말아야 한다

칭찬을 잘하기 위해서는 칭찬을 자주 해야 한다. 고기도 먹어본 사람이 많이 먹는다는 말처럼 칭찬도 늘 하던 사람이 더 잘할 수 있다.

'일상생활에서, 늘, 자주 칭찬하라'고 조언을 하면 많은 사람이 우리 아이는 칭찬할 것이 없어서 그렇게 못 한다고 말한다. 그 말은 참 서글프다. 단숨에 내 아이의 가치를 폄하하는 말일 뿐더러, 스스로 자신을 자녀에게 관심도 없고 애정도 없는 존재로 전락시키는 말이기 때문이다.

칭찬을 받아야 더 잘할 수 있다

아무런 의미 없던 꽃이 이름을 불러주었을 때 비로소 의미 있는 꽃 한 송이가 되었다는 김춘수 시인의 시처럼, 수많은 장미 중에서 자신이 길들인 장미만이 의미 있는 가치를 지니게 된다는 어린 왕자의 생각처럼, 내 아이의 행동과 성격, 성적도 부모가 어떤 의미를 갖느냐에 따라 그 가치가 확연하게 달라진다.

아이가 새로운 것을 학습하고 이를 통해 자신감을 얻는 첫걸음은 칭찬이다. 더 잘해야 칭찬을 받는 것이 아니라 칭찬을 받아야 더 잘할 수 있는 것이다. 그러므로 겉보기에 완벽한 결과가 아니더라도 어느 정도 잘했으면 일단 칭찬해주는 것이 좋다. 이와 관련해서 아들을 키우고 있는 부모에게 특히 더 당부하고 싶은 부분이 있는데, 남자아이들은 특유의 성향으로 인해 과제를 할 때나 주변 정리에 있어 마무리가 완벽하지 못할 수 있다. 하지만 그중에서도 분명 잘하거나 발전한 부분이 있을 테니 그런 부분을 찾아 칭찬해주기를 바란다. 덜렁거리거나 성격이 급한 성향의 여자아이도 마찬가지다. 잘못한 부분을 지적하기보다 잘한 부분을 찾아 칭찬함으로써 잘한 행동들을 강화해나갈 수 있도록 한다.

일상생활에서도 칭찬은 필요하다

아이가 공부를 잘하지 못해서, 잘하는 것이 별로 없어서, 말썽만 피우는 아이라서 칭찬할 게 없다는 부모도 있다. 사실 조금만 노력하면 칭찬할 거리는 쉽게 찾을 수 있다. 칭찬이라는 것은 반드시 성적에만, 혹은 특별한 재능에만 적용할 수 있는 것이 아니다. 일상생활에서도 칭찬거리들은 아주 많이 널려 있다. 머리를 자르고 온 아이에게 '이번 머리 스타일이 정말 잘 어울린다'는 것도 칭찬이고, 학원에 갔다가 해가 진 뒤에야 집으로 돌아온 아이에게 '오늘 하루도 열심히 보냈다'며 어깨를 두드려주는 것도 칭찬이다. 파란색 티셔츠를 입은 아이에게 '그 옷이 참 잘 어울린다'는 말도 칭찬이고, 심부름하러 다녀온 아이에게 '도와줘서 정말 고맙다'고 말하는 것도 모두 칭찬이다. 그러므로 칭찬힐 거리가 없어서 칭찬할 수 없다는 말은 성립될 수 없다.

칭찬은 아이를 바람직한 방향으로 이끌기도 하지만, 또한 아이의 신념과 가치를 존중하는 가장 쉽고 확실한 방법이다. 그런 면에서 부모는 아이가 마음 깊이 가지고 있는 가치에 대해 칭찬을 해줄 필요가 있다. 가령 친구를 소중하게 여겨야 한다, 열심히 노력하는 것은 좋다, 자연을 아껴야 한다 등과 같은 가치는 매우 바람직하고 긍정적이므로 아이가 이러한 신념을 가지고 있을 때는 충분히 칭찬하고 격려해줘야 한다.

어떤 사람들은 이왕 칭찬하는 거 제대로 하고 싶다는 마음에 어마어마한 칭찬을 건넬 수 있는 순간을 기다리기도 한다. 그래서 아이가 90점을 받아도, 95점을 받아도 참고 기다린다. 100점 맞았을 때 제대로 크게 한 번 터트리기 위해서이다.

그러나 아이 입장에서 이것은 아무 의미가 없다. 아이가 원하는 것은 조금씩이라도 자주, 그리고 그때그때 칭찬을 받는 것이다. 90점을 받았을 때도 열심히 노력하여 얻은 결과에 대해 부모가 긍정의 말을 해주기를 원하고 95점을 받았을 때도 지난번보다 나아진 시험 점수에 대해 칭찬을 듬뿍 받고 싶어 한다. 만약 부모가 100점 맞았을 때 크게 한 번 칭찬해주기 위해 벼르고 있다면 그동안 아이의 마음에는 섭섭한 감정이 차곡차곡 쌓여갈 것이다.

이제부터라도 크게 한 번 칭찬하는 것보다 조금씩 자주 하는 쪽으로 방향을 바꾸어야 한다. 5장과 6장에서 제시하는 구체적인 칭찬법을 참고하여 지금 당장, 진짜 칭찬을 입 밖에 꺼내보자. 첫 시작이 어려울 뿐, 칭찬의 기술은 할수록 는다.

내적 동기를

침해해서는
안 된다

어떤 일을 할 때 그 자체로 즐거움을 느끼면서 더 열심히 하고 싶다는 생각이 드는 것은 내적 동기 때문이다. 내적 동기에 따라 움직이면 어떤 일을 하든 기쁘고 보람이 있다.

그런데 부모의 칭찬이 아이의 내적 동기를 빼앗고 외적 동기를 강화하는 경우도 있다. 성적이 올랐을 때 자신의 학습 결과에 만족감과 성취감이 드는 것은 내적 동기로 작용한다. 그런데 성적이 오른 대가로 부모로부터 선물을 받으면 그것은 외적 동기로 작용한다. 보상이라는 외적 동기 때문에 아이의 순수한 내적 동기가 파괴되는 것이다.

아이가 어떤 일을 행복하게 하기 위해서는 내적 동기에 의해 움직여야 한다. 그래야 효율성 면에서도, 만족감 면에서도 부족하지 않다. 그것을 부모가 모를 리 없겠지만, 당장 눈앞에 보이는 것을 개선하기 위해 어쩔 수 없이 당근을 내밀게 되고 채찍도 휘두르게 된다. 그것이 짧은 시간에 가장 확실한 결과를 낳을 수 있다고 믿기 때문이다. 그러나 그것은 일시적인 방편일 뿐, 아이가 지속해서 성장하기 위해서는 무엇보다 내적 동기를 유발하는 것이 가장 중요하다.

아이의 내적 동기를 침해하지 않기 위해서는 절대로 칭찬을 오염시켜서는 안 된다. 이 말은 즉 칭찬이라는 긍정적인 의도에 군더더기 메시지가 달라붙는 것을 경계하라는 것이다. 칭찬이 칭찬에서 시작하여 고스란히 칭찬으로 끝나야 하는데 오히려 비난보다 더욱 불쾌한 메시지로 이어지는 경우가 있다. 예를 들면 다음과 같은 경우이다.

"이번 성적은 정말 좋구나. 그런데 왜 진작 이렇게 잘하지 못했니?"

"방을 깨끗하게 치웠네. 그런데 이게 얼마나 오래가겠니? 지저분해."

"이번에는 95점 맞았네? 지난번 90점보다는 잘했지만 100점을 받았으면 더 좋을 뻔했어."

"그림이 훌륭하구나. 하지만 여기를 노란색 말고 갈색으로 칠했으면 더 세련된 느낌을 줄 수 있었을 것 같아."

"부반장 된 것 정말 축하해. 형처럼 반장이 되었으면 더 좋았을 텐데."

이와 같은 칭찬은 칭찬에 익숙하지 않은 사람들이 자주 저지르는 실수이다. 칭찬에 어색하다 보니 군더더기를 덧붙여 있는 그대로 전달되어야 할 칭찬을 오염시키는 것이다.

칭찬은 아이에게만 초점을 맞춰라

칭찬할 때 부모가 강조되는 것도 반드시 피해야 한다. 칭찬은 아이 자신이나 아이의 행동에 초점을 맞춰야지 부모의 바람이나 소망에 맞추어서는 안 된다. 그러나 우리는 아이를 칭찬할 때 칭찬의 주체가 아이가 아닌 부모 자신이 되어버리는 우를 너무 자주 범하곤 한다.

"네가 그렇게 해서 엄마는 너무 행복해."
"네가 이런 행동을 할 때 옆에 있는 것이 엄마는 정말 기쁘구나."
"엄마가 바라던 대로 되어서 기쁘다."
"성적이 올라서 아빠가 기뻐하시겠구나."

이와 같은 칭찬은 칭찬의 초점을 부모에게 맞추는 가장 대표적인 예이다. 이러한 말에는 아이의 노력이나 성과에 대한 칭찬보다는 부모의 기준이나 생각에 아이를 대입시키거나 부모의 바람이나 소망을 아이가 이루어주어서 행복하다는 메시지가 담겨있다. 한발 더 나아가 '네가 잘했으니 앞으로도 나는 너를 더 사랑하겠다'라는 메시지를 전달하는 부모도 있다.

자신의 꿈이나 바람을 아이의 성공과 연관시켜서는 안 된다. 아이는 부모의 소유물이 아니라 성장하고 있는 또 하나의 인격체이다. 아이가 좀 더 나은 자기 자신이 되어가는 과정을 칭찬하고 격려해야지, 부모의 바람대로 움직이고 있는 면을 칭찬하게 되면 아이는 언제까지나 부모 품 안에서 응석 부리는 인형으로 머무를 것이다.

아이를 칭찬할 때 초점은 아이가 되어야 하고 핵심은 아이의 행동이나 생각이 되어야 한다. 그러므로 "이 문제의 해결책을 잘 찾아냈구나.", "이 과제물은 정말 근사하다.", "네가 이런 일을 얼마나 잘할 수 있는 아이인지 알겠구나."와 같은 칭찬을 해야 한다.

아이의 내적 동기를 다치지 않게 하기 위해 주의할 것이 또 하나 있다. 아이의 성공에 있어 부모의 역할을 너무 부각하면 안 된다는 것이다. 아이가 잘한 것은 아이의 노력에서 나온 결과다. 부모의 역할과 결정은 아이의 성공을 뒷받침해준 마중물이지, 그것만으로 아이가 좋은 결과를 얻을 수 있었던 것은 아니다. 그럼에도 불구하고 많은 부모가 이런 말로 아이의 내적 동기를 훼손하고 있다.

"그것 봐라, 엄마가 그 학원에 가면 성적 오를 거라고 했잖니."

"내가 말했잖니, 네가 이런 분야에 재능이 있다고. 너의 재능을 엄마는 일찍부터 발견했어."

"엄마가 너를 위해 그런 일을 한 것이 너무 고맙지 않니?"

"새벽마다 너를 학원에 데려다주기 위해 여섯시을 실천 것에 대해 어째 어 모임을 받는구나."

아이의 성공에 부모의 업적을 부각하는 것은 바람직스럽지 않다. 실제로 아이가 어떤 일을 하는 과정에서 결정적인 도움을 많이 주었다고 하더라도 아이의 성공은 아이 스스로 온전히 만끽할 기회를 주어야 한다.

아이들에게 성공적인 성취에 대해 직접 말하게 하는 것도 내적 동기를 부추기는 방법이다. 자신의 성공에 대해 말하는 것이 잘난 척하거나 교만한 행동이 아니라는 것을 가르쳐줄 필요가 있다. 좋은 결과에 대해 행복감을 느끼고 그 즐거움을 자화자찬하는 것은 건강한 표현 행동이다. 그러므로 아이가 어떤 일을 잘했을 때 "너도 기쁘지?", "너는 네가 어떤 점을 잘한 것 같니?", "너는 어떤 것에 대해 칭찬을 받고 싶니?"라고 물으며 대화를 이어가 보자. 만약 아이가 어떤 점을 콕 짚어 칭찬을 받고 싶어 한다면 그것에 대해 더 많은 지지를 해주는 것도 좋다.

특히 여자아이의 경우 자신의 성취를 과소평가하는 경우가 있다. 남자와 여자는 실질적인 능력 차이는 없지만, 사회적인 환경 또는 과제의 특성으로 인해 남자들과 비교해 여자들은 자신의 판단을 신뢰하지 않는 모습을 보인다는 연구 결과도 있다. 하지만 이것은 쉽게 수정될 수 있는 부분이기 때문에 걱정할 필요가 없다. 그리고 바로 그것이 여자아이들에게 진정한 칭찬이 더 중요한 이유가 된다.

아이의 내적 동기를 일깨우는 칭찬

내적 동기는 아이가 어떤 일에 스스로 열심히 몰두하게 만드는 원동력이 된다. 내적 동기를 유발하면 어마어마한 금전과 시간을 쏟아부어도 할 수 없는 일을 가능하게 할 수 있다. 그러므로 유명 학원이나 과외 선생을 찾으러 다닐 시간에 아이의 내적 동기를 살려주는 방법에 관해 연구하는 쪽이 훨씬 더 이득이다.

내적 동기의 적은 보상과 평가이다. 그러므로 과도한 보상으로 인해 아이의 내적 동기가 침해당하지 않도록 주의를 기울여야 하며, 결과만을 중요시하는 태도로 아이가 평가에 집착하는 일이 생기지 않도록 해야 한다. 아이가 부모의 사랑을 얻기 위해 무언가를 해야 한다고 느끼게 해서는 더더욱 안 될 노릇이다.

칭찬을 제대로 하기 위해서는 왜 우리가 칭찬하는지에 대해 먼저 생각해볼 필요가 있다. 칭찬의 목적은 아이의 내적 동기를 강화하기 위한 것이다. 당신은 정말 아이를 위해서 아이에게 초점을 맞추어 칭찬하고 있는가? 혹시 마음속으로는 아이를 통제하려고 하거나 아이가 무엇을 하게 하여 내 개인적인 욕망이나 만족을 취하려 하고 있지는 않은가? 만약 마음속에 이런 생각을 감추고 있다면 당신은 진짜 칭찬의 목적에서 한참 동떨어져 있는 것이다. 아이를 칭찬할 때 초점을 아이에게 두고 아이의 행동이나 생각을 칭찬해야 한다는 것을 반드시 유념하라. 그래야 아이의 내적 동기를 일깨울 수 있다.

"옆집에 사는 훈이는 시험 잘 못 봤다던데 우리 동민이는 100점 맞았네."

"언니보다 네가 낫다."

이처럼 칭찬할 때 굳이 다른 사람과 비교하는 부모가 있다. 또 아이를 부모 자신과 비교하여 칭찬하는 경우도 있다.

"내가 어릴 때도 너처럼 똑똑했다."

"엄마가 어렸을 때 운동을 잘했으니 네가 잘하는 것도 당연하지."

칭찬할 때 다른 사람과 비교하면 아이는 평가 목표를 갖게 되어 부담감과 무기력감을 느낄 수 있다. 그러므로 다른 사람과 비교하는 칭찬은 절대 해선 안 된다. 칭찬은 그저 아이가 성취한 결과 자체에만 초점을 맞춰야 한다.

이런 칭찬은 어떨까?

"지영이는 우리 집 브레인이고, 지훈이는 우리 집 운동선수다."

언뜻 보면 서로에게 골고루 칭찬을 나누어준 것 같아서 별 무리 없어 보이지만, 이 역시 둘을 비교하며 칭찬을 했기 때문에 역효과가 난다. 이런 경우 아이는 자신이 어떤 부분에 재능이 있다는 것을 자랑스러워하는 동시에 다른 분야에서는 자신의 가능성을 제한하고 노력하려 하지 않을 가능성이 있다.

비교하는 칭찬은 안 하느니만 못하다

아이들은 여러 상황에서 각자 다르게 행동하고 반응하며, 발달적 경로도 모두 다르다. 모든 아이가 각각 고유하면서도 독특한 특징을 지니고 있기 때문이다. 따라서 다른 누군가와 비교하는 말은 아이의 자신감 발달을 저해한다. 그것이 칭찬의 말이더라도 다를 바 없다.

굳이 비교하여 칭찬하고 싶다면 아이가 그동안 변해온 과정과 비교하는 것은 괜찮다. 예전보다 많이 향상되었다든지, 예전보다 더 독창적인 작품을 만들었다든지, 예전보다 노력을 기울인 티가 역력하다든지, 예전보다 집중력이 좋아져 수행 시간이 단축되었다든지 하는 칭찬은 얼마든지 괜찮다. 이러한 칭찬은 그동안 아이가 노력을 통해 많은 발전을 거듭해 왔다는 사실을 인식시킬 수 있어 긍정적인 효과를 줄 수 있다.

가끔 칭찬하는 과정에서 누군가를 판단하거나 비난하는 경우도 있는데, 이것 역시 금물이다. 다른 아이를 낮추면서까지 칭찬을 받고 싶어 하는 아이는 없다. 또한 부모로부터 판단을 받거나 비난을 당하는 대상이 자기 자신이라면 아이가 받는 충격은 더 크다. 이제 만 6세에 불과한 여자아이의 말에서 그것을 분명히 알 수 있다.

"우리 아빠는 내가 다니는 발레 학원에 올 때마다 친구들 하나하나를 다 평가해요. 물론 거기에는 저도 포함돼요. '쟤는 너무 뚱뚱하고 쟤는 너무 뻣뻣하다, 쟤가 제일 잘하는 것 같다'라고 이야기해요. 아빠가 올 때마다 저는 너무 화가 나고 춤추는 것도 잘 안 돼요. 아빠가 발레 학원에 오지 못할 때가 가장 기뻐요."

도대체 내 아이의 어디를 칭찬할 수 있는지를 찾기가 쉽지 않은 과제일 수도 있다. 칭찬거리 몇 가지를 떠올리는 데 종일 걸리는 부모도 있을 것이다. 하지만 아이를 세심하게 관찰하고 대화를 하다보면 분명 아이의 말과 행동 속에서 다양한 칭찬거리를 발견할 수 있다.

사소한 것부터 칭찬하라

아이가 무엇을 좋아하고 무엇을 하고 싶어 하는지, 아이가 가치 있다고 생각하는 것은 무엇인지, 어떤 것을 회피하고 싶은지에 대해 이야기를 나누다보면 그 속에서 아이의 다양한 속성과 미처 알아채지 못했던 성취들을 발견할 수 있다. 앞서 여러 번 언급했다시피 칭찬을 할 수 있는 대상은 성적과 상장이 전부가 아니다. 세상에는 그보다 더 가치 있는 것들이 넘쳐난다.

아이의 생각과 의견만큼 존중받아야 할 가치는 없다. 이를 위해서 부모는 아이가 작은 의견이라도 자유롭게 얘기하고 표현할 수 있도록 지원해야 한다. 그리고 아이가 자신의 의견을 또박또박 이야기하고 상대방의 이야기를 차분하게 경청했다면 그에 대해서도 구체적으로 칭찬하여 아이가 자신감을 얻고 긍정적인 행동을 강화할 수 있는 계기를 마련해줄 필요가 있다.

간혹 소심한 자녀에게 왜 이렇게 말주변이 없느냐고, 누굴 닮아 그리도 숫기가 없느냐고, 좀 더 당당해져 보라고 꾸짖는 부모가 있는데, 이런 경우 과연 부모가 자녀에게 자신의 의견을 충분히 표현할 기회를 주었는지 먼저 되짚어보아야 한다. 다른 사람들 앞에서 당당하게 자기 생각과 의견을 표현하는 아이는 가정에서 부모로부터 그렇게 할 수 있는 기회를 많이 부여받았음을 알아야 한다.

아이의 사회적 능력을 칭찬하라

아이의 사회적 능력도 칭찬의 대상이다. 성적이나 학교생활과 같은 학업에 대한 칭찬만큼 친구나 선생님을 대하는 태도와 기술에 대해 균형을 맞추어 칭찬하는 것은 매우 좋은 칭찬의 기술이다. 친구에게 친절하게 대하고 선생님을 공경하며 다른 사람을 돕는 것이 공부만큼이나 중요한 가치라는 것을 깨닫게 되면 아이의 사회생활은 더할 나위 없이 원활해질 것이다.

아이의 노력에 대해 칭찬을 하면 굳이 좋은 성적을 거두지 않더라도 할 이야기가 많아진다. 결과가 좋지 않았을 때 부모의 눈에는 아이가 노력하지 않았거나 열심히 하지 않은 것으로 보일 수 있지만 아이는 실제로 매우 열심히 노력했을 수 있다. 따라서 아이가 실제로 노력하거나 시도했던 것이 무엇이었는지 이야기를 나누고, 그중 어떤 것이 바람직했거나 바람직하지 않았는지를 아이에게 알려줄 수 있어야 한다. 그리고 바람직했던 것은 결과가 좋지 않더라도 반드시 칭찬해준다. 비록 무엇을 열심히 했는지 분명하지 않더라도 아이가 자신이 최선을 다했다고 주장한다면 이를 인정하고 칭찬해주는 것이 좋다.

아이의 상상력도 재미있는 칭찬거리이다. 그것이 비록 허황한 것일지라도 아이의 재미있는 상상에 손뼉을 쳐줄 필요가 있다. 아이의 상상은 실제 능력을 키우고 자신에 대해서 더 많은 것을 알게 하는 수단이 될 수 있기 때문이다. 아이들은 상상을 통해 자신감을 얻기도 한다. 그러므로 아이의 상상 활동에 함께 참여하거나 이야기를 나누는 시간을 갖길 바란다. 아이의 어떤 상상 활동도 우습게 보아서는 안 된다.

아이의 유머를 칭찬하는 것도 시도해볼 수 있다. 8세 정도 되면 아이들은 유머를 이해하기 시작하여 황당한 이야기를 지어내기도 하고, 바보 같은 말과 행동으로 상대방을 웃기려는 시도도 한다. 이러한 행동이 다소 어색하게 느껴지더라도 누구에게나 이런 시기가 있다는 것을 인정하고 받아들일 수 있어야 한다. 비록 재밌거나 우습지 않더라도 부모에게는 아이의 유머에 귀를 기울이고 함께 즐기는 자세가 필요하다.

대부분의 아이는 창의력이 풍부하다. 그러므로 아이들의 창의력에 대해 긍정적인 생각을 가지면 칭찬거리가 꽤 많아진다. 창의적인 활동은 자신의 독특함에 대한 표현이다. 이를 통해 아이들은 자신이 어떤 사람인지를 직접적으로 발견하고 경험하는 것이다.

어린 시기에는 창의성이 가장 쉽게 나타난다. 그것은 아이들이 아직 많은 것을 알지 못하고, 무엇이 옳고 그른지를 정확히 알지 못하기 때문이다. 즉, 생각을 제한할 많은 규칙이나 금기를 아직 모르기 때문에 마음껏 상상하고 자유롭게 표현할 수 있다. 다만 아이들의 창의적 활동은 완벽하지 않다. 논리적이지 않을 수도 있고 유창하지 않을 수도 있고 또한 유용하지 않을 수도 있다. 그래도 창의적으로 생각하고 활동하는 것은 무조건 격려받고 칭찬받아야 할 중요한 요소이다.

대단한 일이 아니어도 괜찮다. 사소한 것이라도 강점을 발견하여 긍정적인 피드백을 주면 그것은 아이들에게 커다란 격려가 된다. 아이들도 자신이 성취한 것이 그다지 대단한 것이 아니라는 사실을 안다. 그래서 작은 도전이나 작은 성취만으로는 스스로 충분히 만족감을 느낄 수 없다. 이때 부모의 칭찬은 충분치 않은 부분을 채워주는 역할을 한다. 이러한 과정을 반복하다보면 아이 스스로 자신의 장점을 찾아 자기효능감을 높일 수 있다.

아이가 무언가를 잘하지 못하고 어수룩해 보이면 부모 입장에서는 답답한 마음에 화부터 내기 십상이다. 아무리 화를 억누르려고 해도 어느새 목소리는 커지고 눈빛은 날카로워진다. 그러나 역사상 가장 위대한 물리학자라고 일컬어지는 아인슈타인의 어머니는 달랐다. 잘 알다시피 아인슈타인은 초등학교 때 성적이 엉망이었다. 어느 날 어린 아인슈타인이 이런 내용이 적힌 성적표를 들고 왔다고 한다.

'이 학생은 장차 어떤 일도 성공할 수 없을 거라고 판단됨.'

이런 글귀가 쓰여있는 성적표를 받아 드는 순간 대부분의 어머니는 좌절과 분노와 회의감에 사로잡힐 것이다. 그러나 아인슈타인의 어머니는 달랐다. 그녀는 이런 말로 아인슈타인을 격려해주었다.

"너는 남과는 다른 아주 특별한 능력을 갖추고 있어. 남과 똑같으면 어떻게 성공을 할 수 있겠니?"

너무 모자라고 엉뚱해서 담임선생님들로부터 비난에 가까운 평가를 받은 아인슈타인에게, 남들과는 다른 것이 오히려 장점이라는 격려를 해준 것이다. 어쩌면 아인슈타인의 천재성은 이렇게 관대하고 따뜻했던 어머니의 감성에서부터 비롯된 것일지도 모르겠다.

아이의 부족한 점은 절대 비난받을 일이 아니다

평생 실수 한 번 안 하는 사람은 없다. 모든 일을 100퍼센트 만족스럽고 완벽하게 해내는 사람도 없다. 하물며 아이들이 실수하고 모자라고 어수룩한 것은 당연한 일이다. 그러므로 부족한 게 당연한 아이들이 부족한 모습을 보이는 건 절대로 비난받을 일이 아니다.

그럼에도 불구하고 아이가 잘하지 못하면, 부족하면, 틀리면, 실패하면, 부모들은 그것을 용납하지 못하고 훈계부터 하려고 한다. 그러나 좀 달리 생각해보면 실패를 했다는 것은 아이가 무언가를 시도하고 그것을 잘하기 위해 노력을 했다는 증거가 될 수 있다. 아무것도 하지 않으면 당연히 실패도 없다. 그러나 아이는 무언가를 하기 위해 시도했고, 그 과정에서 미숙한 점이 있어 실패를 경험한 것이다.

아무것도 안 하고 실패를 하지 않은 아이는 아무런 꾸중도 듣지 않고, 무언가를 잘하기 위해 노력했지만 실패를 면치 못한 아이는 심한 꾸중을 듣는다면 그건 너무도 공평치 못한 일이다. 칭찬할 때 과정과 노력에 초점을 맞춰야 바람직한 효과를 거둘 수 있다는 것을 감안한다면 실패를 했다고 해서 야단을 치는 건 문제가 될 수밖에 없다.

아이는 이미 실패를 겪으며 무기력함을 경험했다. 여기에 실패를 추궁하는 부모의 독설까지 듣게 된다면 아이는 돌이킬 수 없는 상처를 받을 것이다. 실패에 이르는 과정에서 물론 잘못된 부분이나 미숙한 부분도 있겠지만 모든 과정에 잘못된 부분만 있는 건 아니다. 아이가 어떤 일을 해 나가는 과정을 면면히 살펴보면 분명 올바르고 긍정적인 부분도 찾을 수 있다. 그 부분을 찾아 칭찬해주면서 실패의 의미를 깨닫게 해주면, 다시 말해 잘했으니 반복해야 하는 부분과 잘못되었으니 수정할 부분을 알려주면 아이는 무기력했던 마음을 회복하고 다시 어떤 일에 도전할 힘을 얻게 될 것이다.

실패를 했다는 것에만 의미를 두고 꾸중하면 아이에게는 차라리 아무것도 하지 말걸 괜한 짓을 했다는 후회감이 밀려올 수 있다. 이것은 무언가를 시도하는 것을 꺼리는 태도로 이어진다는 점에서 커다란 부작용을 낳는다.

아이의 단점이라고 생각되는 부분에서 강점을 찾아 칭찬할 수도 있다. 가령 행동이 느리고 답답하거나 겁이 많은 아이는 바꾸어 생각하면 인내심이 크고 매사에 신중한 것이 강점이 될 수 있다. 까다로운 아이에게는 예민하고 변별력이 있어 개성 있는 아이라는 강점을 꺼낼 수 있다. 이렇게 단점에서 강점을 찾아내면 이 세상에 칭찬을 받지 못할 아이는 단 한 명도 없다. 생각을 조금만 바꾸고 시선을 조금만 달리하면 내 아이의 단점이 강점으로 보일 수 있다.

단점이라고 생각하기 시작하면 그 부분이 계속 눈에 거슬리고 마음이 쓰이게 마련이다. 그렇게 되면 단점이 더욱 두드러지게 부각되어 그냥 넘어갈 수 있는 정도에도 그냥 넘어갈 수 없게 된다. 부모의 한숨 속에서 아이의 단점은 더욱 커진다.

반면 아이의 단점 속에서 강점을 찾아내어 칭찬하게 되면 아이가 자신의 특질에 대해 특별한 가치를 부여하기 때문에 긍정적인 자아상을 형성할 수 있게 된다. 긍정적인 자아상이 형성되면 자연스럽게 어떤 일을 할 때 자신감을 갖고 열심히 노력할 수 있다.

전래동화 중에 부채 장수 아들과 나막신 장수 아들을 둔 어머니 이야기가 있다. 부채 장사를 하는 큰아들과 나막신 장사를 하는 작은아들을 둔 어머니는 비가 내리면 부채 장사를 하는 큰아들 걱정에 한숨을 짓고 햇볕이 쨍쨍 내리쬐면 나막신 장사를 하는 작은아들 걱정에 한숨을 짓는다. 그렇게 어머니의 한숨은 끊일 날이 없었고, 결국 병을 얻어 자리에 눕게 되었다.

그러던 어느 날 이웃집 아주머니의 말을 듣고 어머니는 새 삶을 살게 된다. 햇볕이 내리쬐는 날은 부채를 파는 큰아들이 장사가 잘될 테니 기쁜 날이고 비 오는 날은 나막신을 파는 작은아들이 장사가 잘될 테니 기쁜 날이 아니냐는 것이다. 생각을 달리하니 불행이 행복이 되고 한숨이 미소로 바뀔 수 있었다.

아이를 바라보는 시선도 이와 다를 바 없다. 실패했다고 해서 꾸중하지 말고, 단점이 있다고 해서 한숨 짓지 말자. 실패의 과정에서 긍정적인 면을 발견하고 단점을 강점으로 바꾸어 생각하면 부채 장수와 나막신 장수의 어머니처럼 불행이 행복이 되고 한숨이 미소로 바뀔 수 있을 것이다.

칭찬에도

유통기한이
있다

식품 코너에서 물건을 고를 때 가장 먼저 하는 것은 뭐니 뭐니 해도 유통기한을 살피는 일이다. 좀 더 신선한 물건을 고르기 위해 안쪽 깊숙이에 있는 물건을 골라 꺼내는 수고도 서슴지 않는다. 간혹 덤을 얹어 파는 유통기한이 임박한 물건에 시선이 가긴 하지만 대부분의 소비자들이 양보다 더 중요하게 생각하는 것은 유통기한, 즉 신선도이다.

그런데 칭찬에도 유통기한이 있다. 그런데 그 유통기한이 매우 짧다. 신선도가 유지되는 시간이 매우 짧기 때문이다. 그러므로 아이가 어떤 일을 성취했다면 '그때그때', '바로바로' 칭찬을 해야 한다.

아이가 심부름을 잘했다면 심부름을 한 즉시 칭찬이 이루어져야 하고, 과제를 꼼꼼히 잘해 상장을 받았다면 아이가 상장을 내미는 그 즉시 칭찬이 이루어져야 가장 큰 효과를 거둘 수 있다. 심부름이 끝나고 한참 지난 뒤에 "참, 너 아까 심부름 잘해서 기특하다."라고 말하면 칭찬받아 마땅한 일임에도 불구하고 뭔가 어색하고 쑥스러운 느낌이 들 것이다. 아이가 상장을 받은 지 며칠이 지났건만 그제야 "과제를 어떻게 했기에 상을 받았니? 한번 보여 줄래?"라고 관심을 보이면 아이는 오히려 귀찮게 느낄 수 있다. 이미 상을 받았을 때의 감동과 흥분이 가라앉은 상태인데, 굳이 그것을 다시 꺼내 보이기가 번거롭기 때문이다.

이것은 꾸중도 마찬가지이다. 꾸중도 그때그때 째깍째깍 이루어져야 꾸중다운 꾸중이 될 수 있다. 며칠이 지난 뒤에야 '그때 그것 때문에 화가 났다, 아무리 생각해도 그때 그 일은 잘못되었다'라고 하면 아이는 그것을 괜한 잔소리로 받아들일 뿐이다.

하지만 다음과 같은 표현은 유통기한이 지나도 칭찬의 역할을 다할 수 있다.

"지난번에 내가 했던 일 중에서 이러이러한 것이 내게 많은 도움이 되었단다."

"지난번에 심부름해주었던 것 여전히 고마워하고 있다."

"며칠 전에 네가 상을 받아왔던 것을 생각하면 엄마는 아직도 기쁘고 들뜬단다."

이런 칭찬은 오히려 상대방이 자신을 잘 이해하고 기억하고 있다는 인상을 주어 더 효과적일 수 있다. 그러므로 때를 놓쳐 칭찬이 효과가 없을 것 같아 주저하고 있다면 약간 표현을 바꾸어 칭찬하면 된다.

아이의 발달 단계, 유형이나 기질에 따라 알맞은
칭찬의 기술이 다르다. 아동기 아이에게 하던 칭찬을 사춘기
아이에게 하면 되레 역효과가 날 수 있다. 그러니 내 아이의
발달 단계에 맞춘 칭찬의 기술을 익히도록 하자.

5장

발달 단계에
따른

칭찬법

태어난 지 얼마 되지 않은 신생아들도 얼마든지 엄마와 소통할 수 있는 창구를 갖추고 있다. 신생아들은 자기 엄마의 젖 냄새와 다른 사람의 젖 냄새를 구분할 수 있을 뿐만 아니라, 소리가 나는 쪽으로 고개를 돌릴 수 있다. 또 엄마의 얼굴을 아주 희미하게라도 보는 시점부터 엄마의 행동을 모방할 수 있다.

미국 워싱턴대학교 심리학과에서 영아 발달을 연구해온 앤드루 멜조프 (Andrew Melzoff) 교수는 1981년, 태어난 지 불과 42분밖에 되지 않은 아기에게 혀를 내밀어 보였다. 그러자 아기도 혀를 내밀었다. 멜조프의 행동을 따라 한 것이다. '아, 오, 우'와 같은 입 모양을 만들면 아기는 그것 역시 비슷하게 따라 했다. 이 발견은 아기의 시·지각-운동 통합 능력을 증명하는 것이기도 하지만, 이를 통해 아주 어린 신생아도 타인과 온몸으로 소통하고 상호 작용을 하기 위한 준비를 하고 있다는 것을 알게 되었다.

'언어적 칭찬'보다는 '비언어적 칭찬'이 효과적이다

영아기 아이들은 언어적 소통 능력이 거의 없다. 그렇다고 해서 다른 사람과 상호 작용을 하지 않는 것은 아니다. 언어적인 소통 능력은 떨어지지만 비언어적인 방법으로 충분히 자기 뜻을 전달하고 다른 사람의 뜻을 받아들여 반응할 수 있다.

예를 들어 기분이 좋거나 나쁠 때는 발길질을 하거나 몸부림을 친다. 생후 3개월이 되면 기쁨, 슬픔, 놀람, 분노, 역겨움 등 자신의 감정을 표정으로 나타낸다. 또한 엄마·아빠의 표정을 통해 그들의 마음을 읽을 수 있는 능력도 생긴다.

영아기는 자신에게 중요한 사람과의 상호 작용을 통해 애착의 기본 틀을 형성하는 중요한 시기이다. 그래서 이 시기에 주변 사람들과 의사소통을 하는 것은 매우 중요한 일이다. 이때 주의할 점은 언어적인 방법보다 비언어적인 방법이 훨씬 효과적이라는 사실이다. 그러므로 '사랑해'라고 말하는 것보다 따뜻한 미소를 보여주고 부드럽게 쓰다듬어주는 것이 훨씬 효과적일 수 있다.

이 시기의 아기들에게 무엇보다 중요한 것은 엄마가 곁에 함께 있어주는 것이다. 자신의 뜻을 전달하고 그에 대해 피드백을 해주는 엄마가 없다는 건 아기들에게 매우 불안하고 슬픈 일이다. 명확하게 표현되는 언어가 아니라 사람에 따라 다르게 받아들일 수 있는 불명확한 비언어로 자기 뜻을 전달해야 하는 아기들에게 엄마의 세심한 반응보다 중요한 것은 없다.

원하는 바가 잘 이루어지지 않을 때 아기들은 울음을 통해 만족스럽지 못한 자신의 감정 상태를 알린다. 아기의 울음을 자세히 들어보면 길이, 높이, 간격 등이 다른 것을 알 수 있는데, 이것은 아기가 울음을 통해 전달하고자 하는 메시지가 서로 다른 의미를 담고 있음을 알려준다. 어떤 울음은 배고프다는 메시지를, 어떤 울음은 외롭다는 메시지를 담고 있으며, '심심하다, 불편하다, 불안하다, 사랑이 필요하다'는 것이 각기 다른 울음으로 표현된다. 자신의 요구가 어른들의 세심한 반응과 충분한 보살핌으로 해결되었을 때에야 아기는 비로소 미소와 옹알이 등으로 욕구가 충족된 자신의 감정을 나타낸다.

물론 이 시기에도 칭찬은 필요하다. 그러나 언어적인 소통에 익숙하지 않은 아기에게 말로 칭찬하는 것은 부질없는 일이다. 비언어적인 방법으로 소통하는 아기에게는 칭찬도 비언어적으로 해야 한다. 그래서 이 시기에 현명한 칭찬의 방법은 바로 미소와 반응이다. 이 두 가지가 공통으로 지향하는 바가 있는데, 그것은 바로 관심이다. 아기를 바라보며 따뜻한 미소를 짓고 요구에 곧바로 반응해주는 것은 모두 아기에게 관심이 있어야 가능한 일이다. 아기도 엄마가 자신을 향해 미소를 짓고 요구하는 바에 대해 곧바로 반응해주는 것이 자신에게 늘 관심을 두는 데서 비롯되는 것임을 너무도 잘 안다.

그런 면에서 사람들이 크게 오해하는 사실을 하나 지적하려고 한다. 많이 우는 아기를 보면 주변에서 흔히 하는 말이 있다.

"아기가 울 때는 마음을 독하게 먹고 가만히 내버려 둬야 해. 그래야 아기가 지레 포기하고 울음을 멈추거든. 그것을 여러 번 반복하다 보면 무조건 울기부터 하는 습관을 고칠 수 있어."

아마도 아기를 키우는 사람들 대부분은 이런 말을 한 번 이상 들어보았을 것이다. 이런 말을 들었을 때 어떤 사람은 실제로 독한 마음을 먹고 직접 실행하기도 하고, 어떤 사람은 차마 그렇게 하지 못하여 우는 아기를 품에서 내려놓지 못한다.

극단적인 학습 이론가들은 아기가 아무리 울어도 반응해주지 않으면 그 행동이 바람직하지 못한 것으로 학습되기 때문에 곧 사라진다고 주장한다. 그래서 아기가 울어봤자 아무것도 이로울 게 없다는 것을 스스로 깨닫게 되어 우는 행동이 개선된다고 한다.

그러나 이것은 절대 틀린 주장이자 매우 위험한 일이기도 하다. 앞서 말했다시피 언어적인 소통이 불가능한 아기들은 비언어적인 방법으로 자기 뜻을 알린다. 한마디로 아기들의 비언어적인 소통은 어른들의 언어적인 소통과 같은 것이다. 어른들이 말로 요구할 때 아기들은 울음으로 요구를 할 뿐이다.

자신의 바람이 잘 이루어지지 않았을 때 아기가 느끼는 좌절감은 어른이 느끼는 것과 다를 바 없다. 즉 무언가를 도와달라고 울어대는데도 곁에 있는 엄마가 그것을 무시한다면 아기는 크게 좌절하고 만다. 이와 같은 상황이 여러 번 반복된다면 아기는 더 이상 울지 않을 것이다.

아기가 우는 것을 나쁜 습관이라고 치부하고 이를 뿌리 뽑겠다는 엄마의 의지가 소정의 성과를 거둘 것은 자명하지만, 이 과정을 통해 뿌리 뽑히는 것이 하나 더 있다는 사실을 알아야 한다. 아기는 울음을 그치는 순간 더 이상 엄마와 소통하려고 하지 않을 것이다. 비언어적으로 소통을 하는 아기들에게 있어 울기를 포기한다는 것은 바로 엄마와의 소통을 포기하는 것과 마찬가지이기 때문이다. 좀 더 심하게 말하면 아무리 울어도 달라지는 것이 없다는 사실을 깨달은 아기는 셀리그먼의 '무기력한 개 실험'에서처럼 무능한 자기 자신을 학습하게 되는 끔찍한 결과를 초래할지도 모른다.

아기의 울음 신호에 반응하라

지인 중에 여섯 살짜리 아들을 키우는 동생이 있다. 그녀는 갓난아기 때부터 아들을 늘 품에 안고 있었다. 아기가 조금만 보채면 곧장 달려가서 안아주고 놀아주는 그녀를 보며 친정엄마는 아기는 안아주면 손을 타서 자꾸 더 보채기만 하니 울 때는 그냥 울도록 내버려두라고 조언했다. 친정엄마 입장에서는 온종일 아기에게 시달리는 딸이 안타까웠을 것이다. 그러나 그녀는 현명했다. '왜 아기에게 벌써 포기하는 것을 가르쳐줘야 하냐'면서 '아기에게 하면 된다'라는 것을 알려줄 거라고 대답하고는 그 뒤로도 아기가 울면 만사를 제치고 달려가 안아주고 놀아주고 달래주었다. 여섯 살이 된 그녀의 아들은 참 살갑고 친절하고 사랑스럽다. 어른들과 소통하는 기술이 남다르고, 어떤 것을 처음 배울 때도 어색함 없이 매우 적극적으로 임한다. 아기들은 보통 불편하고 불안한 감정을 울음으로 표현하는데, 그런 감정을 표현할 때마다 엄마가 살뜰히 보듬으면서 부정적인 감정들을 해소해준 덕분에 세상과 사람들에 대한 신뢰감이 형성된 결과다.

물론 어렸을 적 울음을 달래려 자주 안아주었던 그녀의 육아 방법 외에도 아이에게 좋은 영향을 미쳤을 주변 환경이 많을 것이다. 그러나 그 무엇보다 아이의 울음을 결코 나쁜 행동이라 여기지 않고 끊임없이 따뜻한 미소로 반응해주었던 엄마의 모습이 아이에게 '무엇이든 하면 된다'라는 긍정적인 생각을 심어주었을 것이라고 확신한다. 그녀의 바람이, 그녀의 목표가 이루어진 셈이다.

아기의 울음은 무엇인가를 하고 싶어 하는 간절한 바람을 담고 있다. 그러므로 부모는 아기의 울음이 무엇을 전달하고자 하는지를 예민하게 읽고 반응하여 울음이 그 기능을 다할 수 있도록 도와주어야 한다. 오히려 자신이 울 때 엄마의 따뜻한 배려와 세심한 반응을 경험한 아이들은 울음의 양이 점점 줄어든다. 미국의 애착 연구자 에인스워스(Ainswoeth)와 벨(Bell)은 엄마가 아기의 울음에 잘 반응해줄수록 울음의 양은 점점 줄고 대신 미소와 옹알이, 다양한 표정, 그리고 음성을 통해 다른 소통의 수단을 자연스럽게 늘려가는 것을 발견하였다.

아기가 신호를 보낼 때 엄마가 반응하는 것을 통해 아기는 자신에 대한 기본 틀을 형성해 나간다. 원하는 것을 표현했을 때 그것을 얻어낼 수 있다면, 아기는 스스로 자신이 능력 있는 사람이라는 사실을 깨닫게 된다. 또한 나를 돌봐주고 내가 필요한 것과 부족한 것을 채워주는 엄마는 매우 믿음직스러운 사람이라는 사실도 깨닫게 된다. 이 시기에 쌓은 엄마와의 신뢰는 점차 주변 사람들과의 신뢰로 확장된다.

울음뿐만 아니라 아기가 하는 모든 행동은 새로운 능력을 학습하고 연습하는 과정이다. 옹알이, 발길질, 몸부림과 같은 단순한 행동도 아기에게는 매우 어려운 학습이며 새로운 시도인 것이다. 청소년으로 치면 좋은 대학에 들어가기 위해 노력하는 것만큼이나 절대적인 일과에 가깝고, 어른으로 치면 회사에서 승진하기 위해 획기적인 기획안을 만들려는 피나는 노력보다 더 큰일일 수도 있다.

그러므로 아기가 울음, 옹알이, 발길질, 몸부림 같은 비언어적인 메시지로 소통을 하려고 한다면 따뜻한 미소로 곧바로 반응해주는 것이 좋다. 영아기 아이에게 있어 최고의 칭찬이란 바로 환한 미소로 사랑의 마음을 전하는 부모의 환한 미소와 자신의 행동을 세심하게 관찰하면서 요구하는 것을 만족시켜 주는 부모의 반응이다. 그것은 아이가 자신감 있고 자존감 강한 사람으로 성장하기 위한 가장 중요한 밑거름이다.

걸음마기 아이에게는 몇 가지 두드러진 특징이 나타난다. 가장 특징적인 변화는 명시적인 자기 개념이 생긴다는 점이다. 신생아기 또는 영아기 때는 나 자신이 어떻게 생긴 사람인지를 알아채지 못한다. 그것을 본격적으로 알아채기 시작하는 시기가 바로 18개월경부터이다.

자기 인식이 뚜렷해지는 시기

이 시기의 아이는 자기 모습을 뚜렷하게 인식하고 기억하는 능력이 생긴다. 그래서 거울에 비친 자신의 모습을 발견하면 그것이 자신이라는 것을 인식하여 신기해하고 좋아한다. 그보다 어린 아기는 거울에 자기 모습이 비추었을 때 뭔가 눈앞에 보인다는 것을 매우 즐거워하지만 그것이 자기 자신이라고는 생각하지 못한다.

　루이스와 브룩스(Lewis & Brooks-Gunn)는 거울 립스틱 실험을 통해 이와 같은 주장을 증명했다. 이 실험은 아기의 코에 립스틱을 묻히고 거울 앞에 세운 뒤 아기의 반응을 관찰하는 실험이었다. 이때 자기 인식이 분명한 아기들은 코에 묻은 립스틱을 지우기 위해 스스로 코를 문지르거나 휴지로 닦아달라고 부탁을 했다. 반면 아직 자기 인식이 발달하지 않은 아기들은 거울에 비친 자신의 코를 닦으려고 하거나 거울 뒤에 있는 사람을 찾으려는 행동을 보였다. 특히 15~17개월 사이의 아기 중에는 소수만이 거울에 비친 사람이 자기 자신이라는 것을 인식했지만, 18~24개월 사이의 아기들은 바로 자기 자신의 모습이 거울에 비치고 있다는 사실을 인식했다. 이 실험을 통해 자기 모습을 인식하고 기억하는 능력은 18~24개월 사이에 크게 발달한다는 사실을 알 수 있었다.

　이렇게 자기 인식이 뚜렷해지면서 이전에는 보이지 않았던 다양한 속성이 드러나기 시작한다. 예를 들어 누군가가 자신을 뚫어지게 바라보거나 자신이 여러 사람에게 주목을 받고 있다는 느낌이 들면 무척 난처해하기도 하고 당황하기도 한다. 다른 사람들에게 노출되는 것에 대해 어떤 아이들은 부끄럽게 웃는 것으로 그치지만 어떤 아이들은 화를 내며 울기도 한다.

　자기 인식이 뚜렷해진 아이들은 자신이 한 행동을 뚜렷이 기억할 수 있게 된다. 만약 바람직하지 못한 행동을 했다고 생각되면 수치심이나 죄책감을 느끼고, 잘했다는 느낌이 드는 행동에 대해서는 자부심과 자신감을 느낀다. 그래서 이 시기의 아이들은 자기 행동에 대해 다른 사람, 특히 부모의 평가나 피드백에 눈과 귀를 기울이며 나에 대한 다른 사람의 반응을 민감하게 살핀다.

여기에서 중요한 것은 다른 사람의 반응을 보고 아이들이 자신의 행동을 수정하고 조정한다는 점이다. 다른 사람이 자신의 어떤 행동에 대해 손뼉을 치는지, 못마땅한 표정을 짓는지, 야단을 치는지, 칭찬을 하는지에 따라 자신의 행동이 어떠했는지를 판단한다는 것이다. 그리고 좋지 않은 행동을 스스로 개선하며 자기만의 이미지를 구축해 나가는 것이 이 시기에 주목할 만한 특징이다.

그러므로 이 시기에 긍정적인 피드백, 즉 칭찬을 많이 받고 성장한 아이들은 칭찬으로부터 얻을 수 있는 모든 가치를 획득할 수 있다. 세 살 버릇 여든 간다는 속담대로 자기효능감, 자기주도성, 성취동기, 자기통제력, 원만한 대인 관계 등도 세 살 적에 형성되면 평생을 지속한다. 그래서 이 시기에 칭찬을 많이 받은 아이들은 신체적으로나 심리적으로나 건강하게 성장해 나간다.

아이의 실수에 너그러워야 한다

그러나 사실 이 시기는 인생 그 어느 때보다 시행착오와 실패를 가장 많이 경험하는 순간이다. 제대로 만드는 것도, 제대로 그리는 것도, 제대로 걷는 것도, 제대로 말하는 것도 없다. 그래서 넘어지고 부딪치고 망가뜨리는 게 일과의 전부이다. 또한 이 시기에는 세상을 보다 적극적으로 탐색하기 때문에 새로운 시도를 계속 하고 무모한 행동을 일삼기도 한다. 칭찬하려 해도 도무지 할 수 없는 상황에 이르기 일쑤이다 보니 자연스럽게 칭찬하기보다는 야단을 칠 때가 많아지기 쉽다.

걸음마기의 발달 단계 특징을 이해한다면 아이가 어떤 행동을 하다가 문제가 생겼을 때 야단치는 횟수를 줄일 수 있다. 아이는 그것이 말썽인 줄도 모르고 실수인지도 모른다. 그저 눈에 보이니까 만지고 싶고 안 해봤던 행동을 해봄으로써 성취감을 느껴보고 싶은 것이다. 새로운 것을 시도할 때는 잘하지 못하는 것이 당연한 일이다. 실패도 할 수 있고 실수도 할 수 있다. 우리 부모들도 그 과정을 거치면서 유아에서 아동으로, 청소년으로, 그리고 지금의 성인으로 성장했다.

그러므로 걸음마기의 아이가 이것저것 망가뜨리고 여기저기 부딪치더라도 사고뭉치나 말썽꾸러기라고 손가락질해서는 안 된다. 아이의 의도는 무엇이었는지, 왜 문제가 발생했는지, 어느 행동의 단계에서 문제가 일어났는지를 잘 파악해서 칭찬할 것은 칭찬하고 수정해주어야 할 것은 훈육하는 지혜를 발휘해야 한다. 그래야 아이가 자신의 행동 중 무엇을 발전시켜 나가야 하고 무엇을 수정해 나가야 하는지를 확실히 배우게 된다. 실패도 뭔가를 해보려는 기특한 의도에서 시작된 것이므로 분명히 칭찬할 만한 요소가 있다.

영아기의 아이들에게 현명하게 칭찬하는 것이 중요한 이유는 바로 이 시기가 긍정적인 자아상을 형성해 나가는 데 가장 중요한 순간이기 때문이다. 그러므로 부모는 반드시 아이의 행동 하나하나에 세심하게 관심을 기울이고 피드백을 해주어야 한다.

그렇다고 해서 하나부터 열까지 아이의 손이 되고 발이 되라는 말은 아니다. 늘 관심과 주의를 기울이되, 행동은 아이 스스로 해나갈 수 있도록 도와주어야 한다. 걸음마, 혼자서 옷 입기, 혼자서 신발 신기, 장난감 정리하기, 밥 먹기 등을 할 때는 아무리 시간이 오래 걸리더라도 스스로 해낼 기회를 주어야 한다. 그리고 그것을 해냈을 때는 칭찬과 격려를 아낌없이 해주어야 한다.

하려고 하던 일을 제대로 완성하지 못했을 때도 마찬가지이다. 아이가 칭찬받아야 하는 것은 어떤 행동에 대한 완성도가 아니라 스스로 그것을 해내기 위해 노력한 과정이다. 칭찬을 한 후에 다음 목표와 계획에 관해 이야기를 나누면 더욱 좋다.

혹여나 아이가 뭘 해보기도 전에 짜증을 내고, 종일 소리를 질러대고, 무언가를 시켜도 말을 안 듣는다고, 도무지 칭찬할 게 하나도 없다고 생각하는 부모가 있을지도 모르겠다. 그러나 이 또한 이 시기에 두드러지는 특징 중 하나이다. 그전까지만 해도 고분고분하던 아이가 이 시기에 접어들면서 반항을 하는 경우가 많은데, 이것은 아이들이 자기 자신을 표현하고 인정해주기를 바라는 마음을 어른들의 부탁이나 충고를 거절하는 형태로 드러내기 때문이다. 독립심이 생겨나면서 어른들은 그렇게 생각하겠지만 내 생각은 다를 수 있다는 것을 반항의 형태로 표현하는 것이다.

그래서 무언가를 하라고 하면 생각해보지도 않고 무조건 "싫어!" 하고 대답하곤 한다. 생각을 한 다음에 '싫다'는 표현을 하는 게 아니라 먼저 '싫다'고 표현한 다음에 생각하는 것이다. 밥을 먹으라고 할 때 무조건 '싫어'라고 대답하는 것도 이런 맥락이다. 어디 가자고 할 때도 아무 생각 없이 싫다고 단호하게 대답하고는 막상 엄마가 나가려고 하면 금세 옷을 차려 입고 따라나서는 행동 역시 이런 심리를 반영한다.

이 시기 아이들의 반항과 짜증은 결코 부모를 미워한다는 표현이 아니다. 무언가 잘되지 않는 것에 대한 속상함과 좌절감의 표현일 수도 있고, 잘되지 않는 것에 대해 자기 자신과 투쟁하는 과정일 수도 있다. 복잡하고 힘든 심경을 말로 완벽하게 표현하지 못해 나타나는 분노와 좌절의 한 형태일 수도 있다.

그러므로 아이가 이런 모습을 보일 때는 무조건 무시하거나 야단치지 말고 아이의 마음을 읽으면서 아이가 몸과 마음이 건강한 아이로 자랄 수 있도록 가르치고 격려해야 한다. 늘 안아주고 쓰다듬어주면서 "이러이러한 점 때문에 참 속상했겠구나."라고 말해주고, "이건 네가 잘못한 것이 아니라 아직 혼자 하기에 좀 어려운 거야. 다음엔 엄마가 도와줄게."라고 공감해주며, "네가 나쁜 아이가 아니야."라고 격려해주면 아이는 커다란 위안을 얻고 자신감을 가질 수 있을 것이다.

엄마가 온전히 자기편이라는 생각이 들면 굳이 반항할 필요도 없어지기 때문에 울고 떼쓰고 말 안 듣는 아이의 행동이 개선될 수 있다. 다시 한 번 말하지만 이 시기 아이들의 반항은 복잡한 세상에서 자기 자신을 시험하고 무언가를 하려고 시도하면서 진정한 자신의 모습을 만들어가는 과정일 뿐이다. 그러므로 반항하는 행동을 보일 때는 엄마의 격려가 더욱더 필요하다.

유아기
(만 3~6세)

칭찬법

　　경민이는 엄마가 저녁 차리는 것을 도와주려고 그릇을 나르다가 그릇 5개를 깨뜨렸다. 그리고 은지는 과자를 꺼내 먹으려다가 그릇 2개를 깨뜨렸다. 이 두 아이 중에서 더 큰 잘못을 한 아이는 누구일까?

　　어른들은 대부분 은지의 잘못이 더 크다고 대답한다. 그릇을 5개나 깨뜨린 경민이는 잘못이 있다고 하더라도 그 의도가 엄마를 도와주려는 데서 시작되었으니 충분히 선처해줄 수 있다는 계산이 나오기 때문이다. 그러나 유아기의 아이들은 놀랍게도 대부분 경민이의 잘못이 더 크다고 대답했다. 이 시기의 아이들은 전후 상황은 상관없이 단지 그릇 2개와 그릇 5개를 깨뜨린 결과만 가지고 판단하기 때문이다. 이것은 스위스의 아동발달 심리학자인 피아제(Piaget)의 유명한 실험이다.

이런 상황이 발생할 때는 아이들에게 하나하나 생각하도록 유도하는 것이 필요하다. 그릇 5개를 깨뜨린 경민이의 경우, 결과는 좋지 않았지만 엄마를 도와주려고 한 것은 좋은 생각이었음을 분명히 이해하게 해주어야 한다. 이를 통해 결과보다는 의도나 과정이 중요함을 아이들에게 알려줄 수 있다.

과정보다는 결과로 판단하는 시기

이 시기의 아이에게는 세상을 이해하는 논리적인 사고 능력을 기대할 수 없다. 아이는 의도나 과정보다는 결과를 중심으로 판단하고, 한 번에 여러 가지를 고려하지 못하고 오직 한 가지 생각만 한다. 또한 내 입장과 다른 사람의 입장이 다르다는 것도 전혀 고려하지 못하고 내 생각과 다른 사람의 생각이 다를 것이란 것도 전혀 짐작하지 못한다. 한마디로 모든 것을 자기중심적으로 받아들이는 시기이다.

사회인지 발달을 연구하는 퍼너(Perner) 박사의 '잘못된 신념' 실험을 통해서 이 시기의 아이들이 얼마나 사기중심적인지를 알 수 있다. 실험 딩시 퍼너 박사는 아이들에게 다음과 같은 이야기를 들려주었다.

"수찬이가 책을 보다가 화장실에 가고 싶어졌어요. 그래서 보던 책을 초록색 바구니에 넣고 나갔어요. 엄마가 들어와 초록색 바구니에 있는 책을 꺼내 읽다가 옆에 있는 파란색 바구니로 옮겨놓고 나갔어요."

그러고는 물었다.

"수찬이가 돌아오면 어디에서 책을 찾으려고 할까요?"

책이 초록색 바구니에서 파란색 바구니로 옮겨진 것을 모르는 수찬이는 당연히 초록색 바구니에서 책을 찾을 것이다. 어른들은 분명히 그 사실을 이해하고 있다. 그러나 4세 정도의 아이들은 파란색 바구니라고 대답한다. 이야기를 전부 들은 아이들은 책이 파란색 바구니에 있다는 사실을 알고 있으니 수찬이도 분명 그 사실을 알고 있을 것으로 생각하는 것이다. 다른 사람도 나와 같은 생각을 할 거라고 여기는 이 시기 아이들에게 그것은 당연한 판단이다. 나와 다른 관점이 있다는 사실을 추론하지 못하기 때문에 다른 사람의 입장을 이해하지 못하는 것이다.

이것을 확장하여 생각하면 아이들은 다른 사람이 자신에 대해 말하는 것을 통해 자신의 이미지를 형성해 나간다는 사실을 알 수 있다. 그래서 어른이 자신에 대해 칭찬하는 말이나 꾸중하는 말을 전적으로 수용하여 자신의 행동을 평가하는 것이다. 예를 들어 잘한 행동 같은데도 어른이 '나쁘다'고 말하면 아이는 그 말을 곧이곧대로 받아들인다. 예쁜 물건인데도 어른이 '더러운 것, 미운 것'이라고 하면 아이는 그것을 더럽고 미운 것으로 생각하게 된다. 어른의 생각이 그대로 아이에게 투영되는 것은 바로 이 때문이다.

무엇보다 이 시기의 아이는 모든 것을 흑백논리로 판단하여 '좋다' 혹은

'나쁘다', '착한 아이' 혹은 '나쁜 아이', '예쁘다' 혹은 '밉다', '내 편' 혹은 '네 편'과 같이 어떤 상황이나 사물을 단순하게 인식한다. 그러나 개선할 방법이 없는 건 아니다.

곁에 있는 어른이 어떤 도움을 주느냐에 따라 아이의 사고는 크게 달라질 수 있다. 각각의 사건에 대해 어떤 측면을 중요하게 봐야 하는지를 지도해주고, 특별히 주의를 기울일 점이나 깊이 생각해야 하는 점에 대해 지도해주면 아이는 다양하고 폭넓은 사고를 할 수 있게 된다.

앞서 피아제의 실험에서 아이들이 깨진 그릇의 수를 가지고만 잘잘못을 따질 때, 곁에 있는 어른이 실수를 한 아이의 의도나 원래의 계획에 관해 이야기를 들려주고 그것을 중심으로 생각할 수 있도록 유도했다면 아이는 좀 더 올바른 판단을 내릴 수 있었을 것이다.

이 시기 아이들은 한번에 두 가지를 생각하기 어렵다. 의도와 결과를 같이 생각하지 못하는 게 이 시기 아이들의 한계인데, 결과가 분명하게 보이니 의도를 보지 못한다. 하지만 이때 엄마가 한번에 하나씩 생각을 들려주면 이해할 수 있는 능력은 있다. 따라서 부모는 결과에 집착할 수밖에 없는 이 시기 아이들의 인지적 한계를 대화를 통해 해결할 수 있다.

애매한 칭찬은 아이를 혼란스럽게 한다

이 시기의 아이에게는 부족한 면을 채워주고 더욱 큰 아이로 발달시킬 수 있는 교육적 칭찬이 필요하다. 이때 주의할 점은 애매한 칭찬은 배제해야 한다는 것이다. 단순하게 받아들이고 흑백논리로 판단하는 아이에게 애매한 칭찬은 금물이다. 좋은 것 같기도 하고 아닌 것 같기도 하고, 좋은 말과 나쁜 말이 섞여 있어 이것이 과연 칭찬인지 꾸중인지 구분할 수 없는 말은 아예 삼가야 한다.

그래서 잘한 것은 분명하게 잘했다고 짚어주어야 한다. 만약 잘못한 것이 있다면 개선해야 할 부분에 대한 부정적 피드백을 정확하게 전해야 한다. 만약 어떤 일을 했을 때 아이에게 '이 정도면 된 것 같다'라고 하면서 애매한 피드백을 주면 아이가 불안해하고 혼란스러워할 수 있다.

먼저 잘했다고 칭찬한 뒤 긍정적인 측면과 부정적인 측면을 하나하나 구체적으로 전달하면 된다. 잘한 것을 찾아서 칭찬해 준 다음 부족한 것은 직접 지적하기보다 오히려 '네가 더 잘하고 싶었던 것이 뭐였는지', '어떻게 하면 더 잘할 수 있을지' 아이에게 물어보고 그것을 엄마가 어떻게 도와줄 수 있을지 같이 이야기하는 과정에서 칭찬의 효과를 얻을 수 있다.

"잘했다, 색깔이 좀 마음에 들진 않지만."처럼 칭찬의 말속에 대립하는 정보가 들어 있는 것도 애매한 칭찬이다. 이렇게 칭찬하면 아이는 긍정적인 측면보다 부정적인 측면에 더 몰입하므로 자신감을 잃을 가능성이 있다. 칭찬과 비난이 함께 들어있는 경우도 좋지 않다. "너 참 잘했구나. 너만 잘한 것이 아니지? 더 잘한 아이도 있지?"와 같은 칭찬은 아이를 화나게 하고 무기력하게 만든다.

만약 하나의 행동에 긍정적인 면과 부정적인 면이 공존한다면 한 번에 하나씩 긍정적인 행동과 부정적인 행동에 대해 명시적으로 피드백을 해주어야 한다. "참 잘했다. 우리 성진이가 이거 어떻게 했는지 살펴볼까? 아, 여긴 이렇게 만든 거구나. 이거 참 좋은 방법이다. 그런데 여기는 왜 이렇게 했어? 더 좋은 방법은 없을까? 엄마 생각엔 다음부터는 다른 방법으로 해도 좋을 것 같아."와 같은 피드백을 주는 것이다.

애매한 칭찬은 아이를 혼란스럽게 만들 뿐만 아니라 자기 자신에 대해서 혼란스러운 이미지를 갖게 하여 바람직한 자아상을 갖기 어려워진다. 또 애매한 칭찬으로 인해 도무지 어떻게 하라는 말인지 감을 잡을 수 없는 아이는 매사에 불안해지고 괜스레 부모의 눈치를 보게 된다. 그런 아이가 무언가를 수행할 때 결과가 좋지 못한 것은 당연한 일이다.

결과에 대한 칭찬보다 아이의 심리적 활동을 격려하라

이 시기의 아이는 과정보다는 결과에 치중하는 특징도 보인다. 결과로 모든 것을 판단하려고 하는 유아기 아이의 특징은 과정을 강조함으로써 개선해 나갈 수 있다. 아이가 어떤 일을 수행한 과정을 살피며 어느 부분은 잘못이고 어느 부분은 잘된 것인지를 하나하나 명시하는 것이다.

예를 들어 아이가 미술대회에서 상을 받아왔을 때 그냥 잘했다고 칭찬을 한다면 그것은 결과만을 강조하는 꼴이 되고 만다. 가뜩이나 결과에 모든 정신을 집중하는 시기인데, 거기에 엄마의 부추김까지 더해지면 아이는 보나 마나 결과만능주의에 빠지고 말 것이다.

결과를 중요시하는 것은 아이에게 평가 목표를 심어준다는 것을 앞서 이야기했다. 또한 평가 목표가 아이에게 얼마나 나쁜 영향을 끼치는지도 충분히 이야기했다. 그러므로 굳이 다시 말하지 않더라도 피해야 할 일이라는 사실을 알 것이다.

적어도 부모라면, 미술대회에서 상을 받은 결과가 뿌듯하고 감격스럽고 자랑스럽더라도 바로 결과를 칭찬하는 것은 자제해야 한다. 그러고 나서 아이와 함께 상을 받기까지 거쳤던 과정을 하나하나 되짚어보자. 무슨 상상을 했는지, 어디를 제일 공들였는지, 시간은 부족하지 않았는지, 막상 그림을 그릴 때는 어떤 과정을 거쳤는지, 어려운 점을 어떻게 극복했는지에 관한 이야기를 구체적으로 나눈 뒤 그중에서 잘한 점과 개선했으면 하는 점을 구별하면 된다.

잘한 점은 당연히 칭찬을 해줘야 하며, 개선할 점에 대해서는 지적하고 야단치는 것이 아니라 앞으로의 다짐과 계획을 세우는 과정을 거치면 된다. 부모가 과정에 관심을 기울인다는 것을 알게 되면 아이는 아무리 결과가 중요하더라도 과정을 결코 소홀히 할 수 없게 된다.

이렇게 수행 과정을 열거해 나가다 보면 의외의 성과도 거둘 수 있다. 아이의 실수나 실패 상황에서도 칭찬할 거리를 찾아낼 수 있기 때문이다. 또 어떤 행동이 의도는 좋았지만 방법이 나빴다든지, 방법은 좋았지만 결과가 아쉬웠다든지, 결과는 좋았지만 방법은 썩 좋지 않았다든지 등을 찾아가면서 아이는 무조건 잘하고 무조건 못했다고 생각하는 것이 아니라 좀 더 섬세한 원인과 결과를 찾아낼 수 있다. 그리고 이 과정을 통해 아이는 자신에 대해 조건 없는 긍정적 상이나 부정적 상을 만드는 것이 아니라 복잡한 자신의 모습을 이해할 수 있는 능력을 키울 수 있다.

이 시기는 자기 생각이나 정서, 느낌에 대해 스스로 인식할 수 있게 되므로 심리적 활동에 대해 칭찬과 격려를 하는 것도 놓치지 말아야 한다. 그러므로 "네 생각이 참 재미있다.", "그 일에 미안함을 느끼니 네가 참 대견하다.", "함께 기뻐해주니 참 고맙다.", "네 친구에게 친절하게 잘 대해 주는구나. 마음이 너무 예쁘네.", "그림 그리는 걸 참 좋아하는구나.", "다른 사람을 배려할 줄 알 만큼 마음이 많이 성장했구나."와 같이 아이의 심리적 활동을 격려할 수 있는 칭찬이 필요하다.

이 시기의 아이에게는 칭찬이 곧 가르침이고 사랑이고 훈육이다. 만약 구체적인 피드백을 주지 않는다면 아이는 자신이 부모에게 아무런 관심을 받지 못한다고 생각할 것이다. 또한 수정해야 하는 행동에 대해 알려주는 사람이 없으니 자기 자신에 대해 균형 잡힌 이미지를 가질 수도 없고 옳고 그름을 파악할 수도 없게 되어 무능한 아이로 성장하고 만다. 그러니 이 시기의 아이에게 가장 필요한 칭찬은 과정을 중심으로 구체적인 피드백을 해주는 것임을 잊지 말자.

10세 전후의 아이들에게 가장 중요한 것은 엄마도, 아빠도, 장난감도, 책도 아니다. 이 시기의 아이들에게 친구만큼 중요한 것이 없다. 그래서 부모와 함께 보내는 시간보다 친구와 함께 보내는 시간을 더 즐거워하고 더 원하게 된다. 그러므로 이때는 부모의 인정도 필요하지만 친구들의 인정도 그에 못지않게 중요해진다.

친구들에게 인정받고 싶어지는 시기

아동기에 접어들면 아이들은 어른으로부터, 특히 엄마로부터 독립하기 시작한다. 따라서 부모의 관심과 인정이 아동기 이전보다 덜 필요해진다. 그런데도 어릴 때처럼 매사를 주시하면서 간섭한다면 아이는 평가되고 있다는 생각에 괜한 반항심이 생길 수도 있다. 또 부모가 일일이 주시하고 간섭하면 아이는 부모가 자신을 믿지 못한다는 생각에 부모의 관심을 무조건 피하게 되고 부모와의 접촉을 싫어하게 된다. 그럼에도 불구하고 이 시기의 아이들은 여전히 부모의 긍정적인 지원, 즉 칭찬이 필요하다. 자신의 능력과 기술을 한참 발달시키는 시기이기 때문에 늘 더 잘할 수 있도록 격려해주면서 힘들 때 위안이 되어 주는 힘이 필요한 것이다. 그 역할을 할 수 있는 것이 바로 칭찬이다.

다른 사람과의 비교는 아이를 무기력하게 만든다

부모에게서 독립을 하고 싶지만 여전히 부모의 격려와 칭찬과 응원이 필요한 아동기의 아이와 가장 효율적으로 교감하기 위해서는 아이의 독자적인 영역과 부모의 독자적인 영역을 구별해야 한다.

그리고 아이가 알아주기를 원하는 영역을 파악한 뒤 그 부분을 중점적으로 칭찬해주는 것이 좋다. 특히 아이가 스스로 자랑스럽게 느끼는 부분은 반드시 인정해주고 칭찬해주어야 한다. 또한 그다지 마음에 들지 않는 일을 하고 있더라도 아이가 어떤 일을 즐기면서 수행하고 있으면 관심을 가지면서 지원해줄 필요가 있다.

이때 반드시 주의할 점이 있다. 아동기에 해당하는 아이들은 형제간 또는 친구 간 경쟁이 분명하게 나타난다. 그러므로 칭찬을 하건 꾸중을 하건 모든 아이가 똑같이 사랑받고 수용된다는 느낌이 들 수 있도록 해야 한다. 아동 초기(8~9세)까지만 해도 자신감도 크고 학교 성적도 괜찮았던 아이가 시간이 흐를수록 자기효능감이 심하게 떨어지고 무기력해지는 것을 종종 볼 수 있다. 이것은 다른 사람과의 비교로 인해 자기 자신이 못난 사람이라는 결론에 이르면서 발생하는 문제일 가능성이 크다. 거기에서 그치는 것이 아니라 다른 사람들과의 비교는 아이의 마음을 부모에 대한 반감이나 형제 또는 친구에 대한 미움으로 이끌어 사회성에도 구멍이 생길 수 있다.

성취에 대한 진정한 정보가 필요한 시기

아동기는 발달 단계상 가장 배울 것이 많기 때문에 아이로서는 무척 바쁜 시기다. 가정뿐 아니라 학교에서 다양한 학업 내용을 익혀야 하고, 사회적 기술이나 조절 전략을 구체적으로 익혀야 하기 때문이다. 이 시기에는 부모가 아이의 수행에 대해 정확한 정보를 주어야 한다. 아이가 정말 잘한 것이 무엇인지 얘기해주고, 아이에게 어려운 것이 뭐였는지 구체적으로 묻고 들어주는 부모의 세심함이 필요하다.

교육학자인 알피 콘(Alfie Kohn) 박사는 아동기의 칭찬은 아이가 무엇을 했는지를 확인해주고, 바른 방향으로 가고 있음을 전달하는 것만으로도 충분하다고 했다. 이때 평가가 아닌 정보를 주어야 한다. 부모는 이를 통해 아이가 나아가야 할 방향을 제시할 수 있다. 다음으로 아이 스스로 생각할 시간을 주어 성공하지 못해 아쉬운 부분에 대해서는 스스로 고민하도록 이끌어야 한다. 고민 끝에 아이가 아이디어를 내놓으면, 부모는 그것을 다시 확인해주고 긍정적인 방향으로 이끌어주는 것이 이 시기에 정말 필요한 칭찬이다.

아이의 변화가 가장 큰 시기

청소년기는 곧바로 사춘기와 연결되는 시기이다. 사춘기를 겪는 아이들은 신경생리적, 신체적, 그리고 정신적으로 엄청난 격동의 순간을 보낸다. 대뇌의 사고 중심 영역인 전두엽이 폭발적으로 발달하면서 가끔은 충동적인 생각이나 행동을 일삼으며, 신체적인 변화의 폭도 매우 커서 자신의 변한 모습에 스스로 놀라고 두려워할 정도가 된다.

마음은 더욱 복잡해진다. 좋기도 하면서 싫기도 하고, 부모에게서 독립하고 싶은데 아직은 부모에게 의지하고 싶은 마음이 드는 등 양가적 생각들로 마음이 하루라도 평온할 날이 없다. 그러니 이 시기의 아이들에게는 말한마디 건네는 것도 무척 조심스럽고 어려운 일이다.

청소년기 아이도 당연히 인정과 칭찬을 좋아한다. 하지만 이 시기 아이에게 이전처럼 칭찬을 하다가는 외려 역효과가 생길 수 있다. 그러니 어떤 칭찬을 해야 하는지, 하면 안 되는지 잘 알아두어야 한다.

우선 청소년기의 아이는 자신의 성취나 수행에 대해서 객관적으로 평가하고 비교할 수 있는 인지적 능력을 갖추고 있으므로 과도한 칭찬은 절대 금물이다. 아이의 기분을 좋게 하려고 없는 말을 지어내거나 과도하게 포장한 칭찬을 하면 오히려 아이의 마음을 불편하게 만들 뿐이다. 또 칭찬하는 대상이 자신에 대해 잘 알지 못하고 있다고 느끼게 만든다.

칭찬할 때 평가하고 있다고 느끼게 하는 말도 피해야 한다. 그것은 안 그래도 복잡한 머릿속에 감당할 수 없는 숙제를 또 하나 얹어주는 것과 같다. 앞으로 잘하라는 충고의 말을 덧붙이는 것도 삼가야 한다. 아이의 불안과 분노를 일으킬 수 있는 화근이 되기 때문이다.

엄마가 다 알고 있는 것처럼 얘기하는 것도 좋지 않다. "엄마는 네 마음다 안다.", "엄마도 학교 다닐 때 다 겪은 일이다.", "엄마한테 얘기하면 잘해결될 수 있을 거야."라고 말하면 사춘기에 접어들어 머리와 마음이 복잡한 아이는 엄마가 어떻게 다 아느냐고 화를 내기 십상이다. 차라리 "네가고민하는 그 복잡한 마음을 잘 모르지만 힘든 것은 이해한다."와 같이 한발물러서서 아이의 고민을 덜어주는 것이 훨씬 효과적이다.

청소년기의 아이에게 칭찬할 때는 반드시 적절한 기준을 세워야 한다. 우선 칭찬은 단순하고 정확하게 해야 한다. 자신의 능력을 객관적으로 바라볼 수 있는 청소년기의 아이에게 거창하게 포장하여 요란스럽게 칭찬하는 것은 오히려 독이 된다. 아무것도 모를 때야 "네가 가장 잘했다. 정말 최고였어."라고 말하면 진짜 그런 줄 알고 좋아하지만, 청소년기의 아이에게 이런 칭찬은 오히려 빈정거리는 듯한 느낌을 줘서 좋지 않다.

그러므로 청소년기의 칭찬은 적당한 수준으로, 아이 스스로 판단하고 행동하는 것을 조용히 인정하면서 보다 진실한 마음으로 접근해야 한다. 아이의 견해나 생각, 친구 관계, 옷에 대한 관심, 좋아하는 것을 추구하는 열정, 창의적 태도처럼 세대가 다른 부모로서는 100퍼센트 공감하지 못하는 면에 대해서도 인정해주어야 한다.

어린아이들과는 달리 청소년기 아이에게는 때마다 칭찬하는 것보다는 간헐적으로 칭찬을 하는 것이 더 좋다. 가령 매일 칭찬하는 것보다는 일주일에 한 번 몰아서 하는 쪽이 더 바람직하다는 것이다. 너무 잦은 칭찬, 혹은 작은 변화에 대해 일일이 칭찬하는 것은 부모가 자신을 과하게 감시하고 간섭한다고 느끼게 할 수 있다. 이 시기의 아이는 적은 노력이나 변화에 칭찬받고 싶어하지 않는다. 그래서 무조건 관여하고 칭찬하는 것보다는 스스로 일궈온 것에 대하여 스스로가 칭찬받을 준비가 되어 있을 때 넌지시 칭찬하는 기술이 필요하다.

엄마와 아빠가 칭찬하는 시간과 내용을 각각 달리하는 것도 좋다. 청소년기 이전에는 엄마의 칭찬이 아이에게 더 큰 자극이 되지만, 청소년기에는 아빠의 칭찬이 더 무게 있게 작용하는 것으로 알려져 있다. 아빠의 칭찬은 사회의 인정을 대변한다고 느끼게 하기 때문이다. 엄마의 애정 어린 칭찬보다는 객관적으로 평가받고 있다는 기분을 주는 아빠의 칭찬이 더욱 안전하고 균형 잡힌 칭찬으로 아이에게 다가갈 수 있다.

때로는 들어주기만 하는 것이 최고의 칭찬이 될 수 있다

청소년기가 되면 사실 부모와 소통하고 교류하는 시간이 매우 적어진다. 물론 해야 할 일이 많아져 함께할 수 있는 시간이 적어지기도 하지만, 부모와 함께하는 시간이 어렸을 때처럼 반갑거나 즐겁거나 감동적이지 않아서일 이유가 더 크다. 혼자만의 시간이 더 좋고 친구와 함께하는 시간이 더 흥미로워지는 것이다.

그래서 청소년기에는 구구절절 말로 표현하는 것보다 아이의 말을 정성껏 들어주는 것이 원만하게 소통할 수 있는 최고의 방법이 될 수 있다. 칭찬에 있어서도 마찬가지다. 부모가 먼저 잘한 것을 칭찬하기보다 아이가 스

스로 잘한 것을 이야기하도록 하고 들어주는 식이다. 어디가 마음에 드는
지, 어떤 마음과 노력으로 여기까지 왔는지를 들어주고 인정해주는 것만으
로도 칭찬의 효과는 충분히 나타난다.

이때 주의해야 할 점은 절대 사족을 달지 말아야 한다는 것이다. 예를
들어 성적이 올라 기뻐하는 아이에게 "이렇게 잘할 수 있는데 지금까지 왜
안 했니?"라고 한다거나 축구 시합에서 이겼다고 기뻐하는 아이에게 "지금
축구 시합을 하고 있을 때가 아닐 텐데."라고 하는 순간 아이는 방문을 닫
고 들어가 말문도 닫아버린다.

칭찬에도 밀당이 필요한 시기

아이는 청소년, 아니 청년이 되어도 여전히 부모의 인정과 칭찬을 원한
다. 부모가 된 우리도 부모의 인정이 아쉬울 때가 종종 있지 않은가. 문제는
청소년기 아이는 너무 직접적이거나 반복적이고 밀접한 칭찬은 부담스러워
한다는 점이다. 심지어 칭찬을 잔소리로 느끼기도 한다. 이는 관심이 부모
로부터 친구에게로 옮아가고, 가정에서 사회로 독립을 하고자 하는 욕구가
강해지는 이 시기 아이에게 나타나는 당연한 현상이다.

이때 부모가 아이가 떠나가는 게 아쉬워 더 가까이 다가가기 위해 뭐라
도 칭찬하려고 애를 쓴다면 청소년기 아이에게는 이런 부모의 노력이 칭찬
이 아니라 잔소리와 통제로 느껴질 수 있다. 그렇지만 청소년기 아이들 역시

자신의 불안한 마음을 부모의 인정과 칭찬을 통해서 달랠 수 있고 안도감도 얻는다. 인정과 위로가 필요하다며 보내는 신호는 아이마다 다르다. 그리고 부모는 그 신호를 포착하기 위해, 또는 그 신호를 포착했을 때 민감하게 반응해야 한다. 바로 청소년기 자녀와 부모의 칭찬 밀당이 필요한 순간이다.

구체적으로 어떻게 해야 할까? 예를 들어 학업 성취나 성공적인 수행을 했을 때는 덤덤히 한두 마디 하며 지나가더라도 머리 모양을 바꿨을 때나 남에게 잘 보이기 위해 멋지게 차려입었을 때 좀 더 적극적으로 칭찬을 던지면 된다.

칭찬은 잘하면 약, 잘못하면 독이다. 칭찬의 기술에 익숙하지 않은
부모에게 실생활에서 언제, 어떻게 칭찬하는 것이 좋은지는
여전히 어려운 과제이다. 주변 부모들의 칭찬 고민을 함께 들어보고
이를 어떻게 풀어나가야 하는지 알아보자.

6장

칭찬,

이렇게
하라

칭찬은 잘하면 약, 잘못하면 독이 되기 때문에 바람직한 방법을 잘 터득해야 한다. 그러나 막상 실생활에 적용하려고 하면 잘 떠오르지도 않고 언제 어떤 말을 해야 하는지 막막할 때가 많다.

100권의 책을 읽어도 실생활에 도움이 안 된다면 헛물을 켠 것과 마찬가지다. 여기서는 부모들이 일상에서 자주 경험하는 칭찬 고민 사례를 통해 칭찬 고민 해결 방법을 제시하려고 한다. 내가 하고 있는 고민이 나만의 문제가 아니라는 것을 알게 되면 문제를 해결하기가 쉬워진다. 그리고 마지막에 제시한 칭찬의 예시들을 통해 칭찬의 말을 좀더 쉽게 꺼낼 수 있기를 바란다.

매사에 완벽하여 칭찬을 받는 우리 아이,
남들에게도 그만큼의 수준을 요구해요

워낙 어렸을 때부터 어떤 일이든 뚝딱 해내는 아들에게 저희 부부는 늘 최고의 찬사를 보냈습니다. '우리 아들 잘한다, 우리 아들 최고다' 하면서 아이의 행동에 대해 열렬히 칭찬해주었지요. 워낙 칭찬받을 행동만 골라하기도 했지만, 남자에게는 자신감이 중요하다고 생각하여 좀 더 과장된 칭찬을 한 적도 있습니다.

그런데 누나는 전혀 달랐습니다. 게으른 데다가 자신이 해야 할 일을 깔끔하게 마무리하지 못했고, 물건도 칠칠맞다는 생각이 들 정도로 잘 챙기지 못했습니다. 그런 딸아이는 미완성의 존재라 충분히 이해할 수 있었지만, 문제는 게으른 누나의 부족함을 용납하지 못하는 아들이에요.

오늘 아침에도 게으른 누나에 대한 아들의 채찍질이 시작되었습니다. 딸이 늦잠을 자는 바람에 화장실을 사용하는 시간이 겹쳤습니다. 아들은 세 살이나 많은 누나에게 잔소리를 늘어놨습니다. 그러자 아침부터 나이 어린 동생에게 싫은 소리를 들은 게 민망해 딸은 얼굴을 붉혔지요. 아들의 말이 틀린 거 하나 없지만, 누나에게 쌍심지를 켜며 대드는 모습을 보자니 마음이 편치만은 않습니다.

매사에 모범적이고 제 앞가림 잘하는 아들이 대견스럽기는 하지만 사실 이럴 때는 좀 걱정이 됩니다. 다른 사람의 실수에 대해 이해할 줄도 알아야 하는데 누나를 비롯해 타인의 부족함을 이해하지 못하는 것 같아서요. 이런 아들의 성격이 어렸을 때부터 너무 과한 칭찬을 받은 탓인 것 같아 후회되기도 합니다. 모범적인 생활 태도를 유지하면서 다른 사람을 배려할 줄 아는 사람이 될 수 있도록 하려면 어떻게 해야 할까요?

정윤경 교수의 ●● 칭찬 Advice

구체적인 칭찬이 아니라 전반적인 칭찬을 했을 때 전형적으로 나타나는 결과입니다. 아들이 잘한 것에 대해 구체적으로 칭찬한 것이 아니라 전반적인 아이의 존재 또는 아이의 특성에 대해 과한 칭찬을 했기 때문에 잘못된 자아상이 형성된 것입니다.

이러한 부모님의 칭찬은 아이의 바람직한 행동에 대해 칭찬하는 것이 아니라 부모의 부담을 덜어주어 고맙다는 마음을 표현한 것에 불과합니다.

이 아이에게는 그 어떤 것보다 남의 마음을 배려하고, 부족한 타인에게 도움이 되는 행동을 하는 노력이 필요하다고 봅니다. 이를 위해 지나친 자기 관리보다는 다른 사람을 이해하고 돕는 것을 지도해야 합니다. 앞으로는 아들의 성취 행동에 대해 칭찬만 할 것이 아니라 타인의 부족함에 대해서도 이해를 하고 도움을 줄 수 있는 분위기를 만들어보세요. 예를 들어 아들이 게으른 누나를 나무랄 때는 "네가 누나를 걱정하는 마음에서 하는 말이지? 그런데 누나에게 화를 내면 잔소리처럼 들릴 거야. 누나가 잘 준비할 수 있게 좀 도와주자. 엄마는 우리 아들이 공부를 열심히 하는 것도 좋지만 누나와도 잘 지내려고 노력하는 모습에도 감사하고 행복할 것 같아."라고 마음을 읽어주면서 관계를 위해 노력하라고 요청한다면 아들도 누나를 대하는 변화가 달라질 것입니다.

그러나 자칫 잘못하면 부모님의 이런 변화가 아들을 섭섭하게 만들 수도 있습니다. 분명 아들은 매 순간 최선을 다해 노력하고 있을 것입니다. 스스로 열심히 노력하고 있다고 생각하는데 칭찬이나 보상을 해주지도 않고 누나 편만 드는 부모님을 보면 상대적으로 화도 나고 억울할 수도 있을 것입니다.

그러므로 아들에게는 다른 사람들을 배려하는 행동과 말을 했을 때 칭찬해주고, 딸에게는 누나로서 솔선수범할 것을 요청하는 것이 좋습니다. 물론 딸도 스스로 노력해서 일을 마쳤을 때는 아주 작은 것이라도 아낌없이 칭찬해 자신감을 북돋아주길 바랍니다.

아이를 둘 키우고 있는 저는 한시라도 살림을 손에서 놓을 수가 없습니다. 아무리 치워도 아이 둘이 끊임없이 어질러대니 집 안은 늘 지저분하고, 아이 둘이 벗어놓은 빨랫감에 남편의 와이셔츠를 빨고 다림질하는 일까지 하다보면 빨래에 쏟는 시간만도 상당합니다. 게다가 아들이 아토피가 있는 탓에 과자, 주스, 치킨, 빵 같은 간식거리를 손수 만들어 먹이는데, 여기에 들어가는 시간도 만만치 않습니다.

그런데 제가 정말 힘든 건, 안 그래도 바쁜 내 일정에 불청객이 한 명 끼어들기 때문입니다. 심성이 곱고 부지런한 딸아이는 공부도 잘하고 어른들 말씀도 잘 들으며 동생도 잘 돌봐주는 예쁜 아이입니다. 엄마도 끔찍이 사랑하기 때문에 늘 엄마를 도와주려고 하는데, 이것이 제게는 너무나 큰 부담이 됩니다. 아직 손끝이 야물지 않아서 그런지 손을 대는 것마다 깨뜨리거나 엎지르기 일쑤거든요.

엄마를 돕겠다는 예쁜 마음은 칭찬해줘야 할 것 같은데, 칭찬하면 곧바로 다른 일을 또 하려고 하고, 그러다 보면 또 다른 사고가 이어지니 대체 어떻게 해야 할지 모르겠습니다.

아마도 아이는 엄마가 진심으로 인정하고 칭찬할 때까지 엄마를 돕는 일을 멈추지 않을 것입니다. 물론 아이의 고사리 같은 손은 잦은 실수를 반복하겠지요. 왜냐하면 엄마가 아무리 억지웃음을 지으며 괜찮다고 위로해도 아이는 엄마의 못마땅한 마음을 본능적으로 느낍니다. 그러므로 그 실수를 만회하기 위해 또 다른 일을 시도하게 되지요. 그러므로 이 아이에게는 엄마의 사랑과 인정, 칭찬과 격려가 아주 중요합니다. 그러니 사랑받고 싶은 엄마에게 진심으로 도움이 되고 인정을 받는다는 느낌을 가슴으로 한껏 느낄 수 있도록 기회를 줘야 합니다. 좀 귀찮을 수도 있지만, 엄마가 하는 일 중 아이가 충분히 할 수 있다고 생각되는 것을 골라 하나씩 하나씩 도움을 부탁해보세요. 엄마가 먼저 도와줄 일을 정해서 부탁하는 겁니다. 할 수 있는 것에 대해 도움을 요청했으니 아이의 실수가 눈에 띄게 줄어들 것입니다. 이때 잘한 것에 대해서 충분히 칭찬해주면 앞으로는 엄마 일을 방해(?)하는 일이 줄어들 거예요.

그런데 간혹 이런 아이 중에 '부모화'로 인해 엄마 일을 무작정 도와주려고 하는 경우도 있습니다. 부모화는 신체적으로 혹은 정신적으로 힘든 부모를 보며 아이가 어른처럼 행동하고 짐을 짊어지려고 하는 것을 말합니다. 혹시 엄마가 평소 집안일을 하며 힘든 내색을 많이 한 건 아닌가요? 아이와 함께 엄마가 일하고 있는 모습을 보면 어떤 생각이 드는지, 어떻게 해주고 싶은 마음이 드는지, 왜 그렇게 느껴졌는지에 관해 이야기를 나누어보세요.

만약 무작정 도와주려는 행동이 부모화 때문이라면 좀 다르게 접근할 필요가 있습니다. 부모님이 나를 위해, 가정을 위해 고통받는다고 생각하는 아이들은 일찍 성숙하여 모범생 같은 면모를 보이지만 한편으로는 어른이 된 후 부모에 대한 죄책감과 더불어 어린 시절을 어린이답게 보내지 못한 자신의 과거에 대해 분노를 느낄 수도 있습니다.

만약 아이가 이런 생각을 하고 있다는 느낌이 든다면 "엄마를 도와주려는 착한 딸! 엄마는 일이 힘들 때도 있지만, 우리 가족을 위해서 하는 거니까 행복해. 엄마는 네 예쁜 마음만이면 돼. 엄마는 우리 딸이 엄마를 보고 안쓰러워하기보다 감사해하고 즐거워했으면 좋겠어."라고 이야기해주세요.

내일 있을 공개수업에서 한자 외우는 모습을 보여줘야 한다는 것이 긴장되었는지 아들은 한자 공부에 매달립니다. 잘 안 되면 소리도 지르고 짜증도 부리면서 잘 외워지지 않는 한자와 씨름을 합니다. 그 모습이 안쓰럽기도 하고 신경에 거슬리기도 하여 그 정도만 해도 충분하다고 달랬지만 아들은 완벽하게 외울 때까지 한자책을 손에서 놓지 않습니다. 일곱 살 아이치고는 흔치 않은 모습이지요.

뭐든지 열심히 하는 아들의 모습은 선생님에게는 칭찬의 대상이고 다른 친구와 학부모에게는 부러움의 대상이 됩니다. 열심히 하는 모습이 보기 좋지만, 승부욕이 너무 강해서 남에게 지고는 못 배기는 아들의 모습이 부모로서는 걱정이 됩니다. 아들은 마치 남에게 지지 않기 위해, 남보다 더 잘하기 위하여 기를 쓰고 노력하는 것처럼 보입니다.

처음에는 학습 면에서만 그런 모습을 보이더니, 이제는 일상생활 전체가 그렇습니다. 아주 사소한 것도 남보다 뒤지거나 수월하게 잘하지 못한다고 생각하면 그것을 견디지 못하고 분해합니다. 그러고 나서 그것을 잘할 수 있을 때까지 기를 쓰고 몰두합니다. 이제 곧 초등학교에 들어가는데 아들의 경쟁심리가 너무 강해서 친구들과 원만한 학교생활을 하지 못할까 봐 걱정됩니다.

혹시 외동아들로 자라서 그런 모습을 보이는 걸까요? 어렸을 때부터 오냐오냐하면서 뭐든지 잘한다고 칭찬을 해준 탓에 자기가 세상에서 가장 잘난 사람이 되어야 한다는 함정에 빠지고 만 것은 아닐까요?

엄마로서는 아이가 스스로 열심히 노력하여 성과를 거둔다는 것에 칭찬해주는 것이 맞는 것 같지만 우리 아이처럼 승부욕이 너무 강해 다른 아이들과의 경쟁에서 반드시 이기려고만 하는 아이에게 칭찬은 오히려 독이 될 것 같은 생각이 들기도 합니다.

정윤경 교수의 🔵🔵 칭찬 Advice

이 아이는 학습 자체의 즐거움보다는 다른 사람의 평가에 더 큰 목적을 두고 있는 것으로 보입니다. 학습 목표보다는 평가 목표를 강하게 가지고 있는 아이의 전형입니다. 2장에서 설명했듯이 이는 전혀 바람직하지 않습니다.

따라서 부모님은 아이가 학습 목표를 갖도록 도와주어야 합니다. 아이가 처음부터 이런 행동을 보이지는 않았을 것 같습니다. 그렇다면 지금이라도 바꿀 수 있습니다. 이때 부모님은 아이가 절대 평가받거나 비교당한다는 생각을 하게 해서는 안 됩니다. 아이가 잘못하거나 실수를 해서 결과가 좋지 않아도 무엇인가 배운 점이 있으면 격려하고 그 과정을 같이 즐겨줘야 합니다.

부모님이 여유를 가지셔야 합니다. 아이가 실수해도 그것 자체가 무언가를 배우는 과정이고 성취를 향하는 과정이라는 것을 염두에 두고, 무엇보다 아이의 노력 그대로를 인정하는 과정을 가지셔야 해요.

그럴 때 이 책에서 소개한 칭찬의 기술을 활용하면 도움이 될 것입니다. 아이와 함께 노력하는 과정에 대해 더욱 많은 이야기를 나눠주세요. 열심히 노력했지만 원하던 결과가 나오지 않는다고 해도 노력한 것만으로도 충분히 훌륭한 것이라고 얘기해주세요.

승부욕이 강한 아이들에게는 단체 생활이 큰 도움이 될 수 있습니다. 단체운동이나 봉사활동 등을 통해 반드시 혼자서 이기는 것만이 중요한 것이 아니라 친구들과 함께할 수 있는 것이 더 소중한 것이라는 사실을 직접 경험할 수 있게 도와주세요.

우리 딸아이는 참 착하다고 온 동네에 소문이 파다합니다. 이제 열 살이라고는 믿기지 않게 말과 행동이 조신하고 매우 상냥하지요. 원래부터 조용한 성격이었지만, 몇 달 전 동생이 태어난 이후로는 이상하리만큼 착한 행동을 하고 있습니다. 착한 행동을 하는 아이를 걱정하는 이유는 그 일의 정도가 지나치고 과정이 심상치 않기 때문이에요.

아이는 소위 '착한 행동'을 할 때마다 틈틈이 저를 쳐다봅니다. 그것이 마치 착한 행동을 하고 있는 자신의 모습을 지켜보고 있는지 확인하는 것처럼 보여요. 제가 다른 일을 하느라 바빠 착한 행동을 하고 있는 딸아이를 미처 발견하지 못했다면, 아이가 의도적으로 제 주위로 와서 착한 행동을 하는 자신의 모습을 충분히 볼 수 있도록 하는 식으로요.

어떤 일을 하고 나서는 매번 제 눈치를 살핍니다. 저를 바라보는 딸아이의 눈빛에는 칭찬을 기대하는 마음이 한껏 담겨있습니다. 착한 행동을 했으니 칭찬을 해달라는 무언의 메시지인 것 같아요. 분명히 칭찬받을 일이고, 더군다나 칭찬을 요구하는 눈빛으로 바라보기 때문에 저는 그때마다 칭찬을 아끼지 않습니다.

그런데 얼마 전에 '착한 아이 증후군'이라는 증상이 있다는 것을 알게 되었습니다. 혹시나 우리 딸이 착한 아이 증후군에 빠진 것이 아닐까 싶어 요즘 인터넷을 들락거리며 이것에 대해 자주 검색합니다. 분명 착한 아이를 둔 것은 부모로서 무척 행복한 일이지만 착한 행동을 하는 척하는 아이는 정말 착한 아이와는 구별해야 할 듯싶어서요. 딸아이가 아무래도 착한 행동을 하는 척하는 아이에 속하는 것 같아 걱정됩니다. 그리고 그렇게 행동하는 이유가 궁금합니다.

정윤경 교수의 ●● 칭찬 Advice

착하고 순한 아이일수록 부모는 그 아이를 더 사랑해주고 속마음을 열어주어야 합니다. "우리 딸, 참 착하다.", "동생에게 양보해서 참 이쁘네." 이런 칭찬은 절대 금물입니다. '내가 착하게 잘해서 엄마가 나를 예뻐하는구나.'라는 생각이 쌓이면서 점점 자기 욕구를 억압하고, 그대로 쌓이다보면 결국 터지게 마련이니까요. 이건 아이에게 네가 잘 참고 욕구를 억누르고 희생하기 때문에 이런 칭찬을 받는다는 메시지를 주는 것과 다름이 없거든요.

이런 아이들에게는 그런 칭찬보다는 오히려 자신의 진짜 원하는 것이 무엇인지를 물어보고, 자신감 있게 원하는 것을 표현하고 바람직한 방법으로 얻는 모습을 응원해주어야 합니다. 또한 있는 그대로 엄마가 아이를 얼마나 사랑하는지를 전해주어야 합니다.

아이가 착한 아이 증후군에 빠진 것같이 느껴진다고요? 아이의 모든 행동이 마치 칭찬을 받기 위해 억지로 만들어진 것처럼 느껴져서 당황스럽고 걱정스러웠을 것 같습니다. 그런데 이 사례를 읽는 동안 '과연 이 아이는 어머님께 칭찬을 받았을 때 진심으로 뿌듯하고 행복했을까?'라는 생각이 들었습니다. 아이의 행동에서 조바심과 불안함이 느껴졌기 때문입니다.

혹시 어머님이 착한 행동에만 칭찬하고 관심을 보여주신 건 아닌가요? 동생이 생긴 아이 중에는 질투심으로 동생을 괴롭히는 아이가 있는가 하면, 동생에게 빼앗긴 부모님의 사랑과 관심을 조금이라도 되돌리기 위해 동생을 예뻐하고 챙겨주는 모습을 보이는 아이도 있습니다. 이 아이는 후자인 듯합니다. 부모님의 사랑을 잃지 않기 위해 부모님께서 좋아할 만한 착한 모습만 보이려고 고군분투하는 것이지요. 혹시 동생을 챙기느라 미처 이 아이를 서운하게 했던 적은 없는지 되돌아보세요.

평상시 아이에게 착하지 못한 것, 즉 부정적인 모습이나 생각, 화내고 짜증 내는 것, 질투심과 같은 부정적인 감정도 자연스럽고 당연하다는 사실을 깨닫게 해주세요. 또 반드시 착한 행동을 하지 않아도 엄마가 아주 많이 사랑하고 있음을 아이가 느낄 수 있도록 해주세요.

질투심이 너무 많은 우리 아이,
최고라는 칭찬을 못 받으면 울어버려요

2학년인 딸아이는 2년째 원어민 영어 수업을 받고 있습니다. 이 수업은 다섯 명이 그룹을 이루어 진행하는데 아이들이 수업할 때 부모가 참관할 기회가 종종 생기곤 합니다. 참관해보니 딸의 수업 태도는 나무랄 데가 없습니다. 선생님의 말씀을 귀 기울여 듣고, 발표할 때도 적극적으로 나섭니다. 잘하고 못하고는 상관없습니다. 그저 수업 자체를 즐기면서 적극적으로 참여하고 열심히 노력하는 모습만으로도 충분합니다.

원어민 수업이 끝나면 부모와 아이들이 함께 어울릴 수 있는 시간도 주어지는데, 부모와 아이들이 함께하는 시간에는 미술 활동을 하기도 하고 노래를 부르기도 하고 책에 관해 이야기를 나누기도 합니다. 하루는 다 함께 모여 그림을 그렸어요. 한 아이가 그림을 잘 그려서 "어머, 그림을 정말 잘 그렸네."라고 칭찬을 했더니 딸아이가 곧바로 되묻습니다.

"엄마, 나는? 나도 잘 그렸어?"

여럿이 있는 자리에서 딸아이의 기를 죽일 수는 없어서, 그리고 간절한 눈빛을 저버릴 수가 없어서 저는 딸아이도 잘 그렸다고 했지만 아이는 이 정도 대답으로는 만족하지 못합니다. 자신이 만족할 만한 대답이 나올 때까지 재차 물어보는 통에 진땀을 뺄 수밖에 없습니다. 나름 최선의 대답을 해주었지만 딸아이는 갑자기 울음을 터트렸습니다. 어쩔 수 없이 저는 딸의 등을 토닥이며 아이가 원하는 대답을 들려주었습니다.

"다애가 세상에서 제일 잘해. 다애가 최고야. 다애만큼 잘하는 아이는 아무도 없어."

딸아이는 그제야 진정이 됐습니다. 그렇지만 저는 함께 수업을 듣는 아이들에게 폐를 끼친 것 같아 마음이 편치 않았습니다.

어린아이의 마음을 이해하지 못하는 건 아닙니다. 저 시기의 아이라면 엄마의 칭찬을 곧바로 엄마의 사랑으로 연결할 수도 있겠다는 생각이 듭니다. 그러나 매일같이 이런 칭찬만 할 수는 없는 노릇이고, 그렇다고 아이의 마음을 상하게 할 수도 없으니 정말 고민입니다.

정윤경 교수의 ●● 칭찬 Advice

아이가 잘하고 못하고를 떠나 경험 자체를 즐기면서 적극적으로 참여하고 열심히 노력하는 모습만으로 충분하다고 한 말이 가슴에 많이 남습니다. 하지만 다애는 엄마의 마음보다는 말에 더 민감하게 신경을 쓰고 의미를 부여하고 있는 것처럼 보입니다. 엄마에게 내가 최고였으면, 엄마가 나를 가장 사랑해주었으면 하는 것은 모든 아이의 공통된 소망일 것입니다. 다애 또한 엄마에게서 인정받고 사랑받고 싶은 마음이 매우 큰 것 같습니다.

만약 다애 마음속에 '엄마가 나를 사랑하고 있다'라는 믿음이 깊다면 엄마의 칭찬에 민감하게 반응하고 서운해하지 않겠지요. 그러니 다애에게는 이러한 대화가 필요해 보입니다.

"엄마가 다른 아이들을 칭찬해준다고 그게 그 아이를 다애보다 사랑한다는 뜻도 아니고, 다애를 사랑하지 않는다는 뜻도 아니야. 엄마는 다애를 항상 사랑하고 있어. 그걸 다애가 알아주었으면 좋겠다."

다애에게는 믿음을 심어줄 수 있는 대화가 절실히 필요합니다. 진심 어린 칭찬에는 사랑과 믿음이 가득하지만, 아이의 눈물을 멈추기 위해 임시로 하는 칭찬은 아이의 불안을 더 가중할 수 있습니다. 한 번, 두 번으로 되지 않을 수도 있습니다. 그렇다고 쉽게 포기하지 마세요. 계속 다애에게 믿음을 심어주면 어느 순간 아이의 마음이 커지면서 점차 덜 서운해할 것입니다.

아이가 장난도 좀 심하고 공부에도 집중하지 않아 혼낼 일이 자주 생깁니다. 그런데도 좀처럼 나아지지 않는 것을 보면 저의 훈육 방식에 뭔가 잘못이 있는 듯합니다.

우리 아이는 남자아이임에도 불구하고 애교가 아주 많은 편이어서 자신의 애교로 모든 상황을 무마할 수 있다고 생각하는 것 같습니다. 야단을 맞을 때도 온갖 애교를 부리며 슬그머니 그 상황을 벗어나려고 합니다.

예를 들어 아이의 잘못된 행동을 지적하며 다시는 그런 행동을 하지 말라고 하면 아이는 제 품에 와락 안기며 다시는 그렇게 하지 않겠다며 한 번만 용서해 달라고 합니다. 아이가 용서를 빌면서 안기는데 계속 혼내는 것이 좀 야박하게 느껴져 저도 모르게 주춤하게 됩니다. 그럼 아이는 그 기회를 놓치지 않고 온갖 달콤한 말을 쏟아냅니다.

"엄마, 화내니까 너무 무서워요. 화 좀 푸세요. 엄마는 웃는 모습이 제일 예뻐요."

그럼 화났던 마음은 어느새 스르르 녹고 품에 안긴 아이를 쓰다듬으며 다시 '하하, 호호' 웃음을 터트리고 맙니다.

해야 할 일을 하지 않겠다고 소리를 질러대며 속을 썩이다가도 제가 설거지나 청소를 마친 뒤 소파에 앉아 팔다리를 두드리고 있으면 냉큼 달려와서 팔다리를 주물러주기도 하고 어깨를 두드려주기도 합니다. 그럴 때는 정말 고맙고 예뻐서 칭찬해줄 수밖에 없습니다. 이전의 상황들이 뇌리에서 완전히 떠난 건 아니지만 그래도 당장은 좋은 모습, 예쁜 모습을 보여주니 칭찬을 하게 됩니다.

화내고 말썽 피우다가 갑자기 돌변하여 세상에 둘도 없는 효자의 모습을 보여준다든지, 혼날 때마다 온갖 애교를 부려 그 상황을 무마했다가 똑같은 문제 행동을 반복하는 우리 아이의 마음속에는 도대체 어떤 의도가 숨어있을까요? 그리고 아이가 그럴 때마다 과거의 문제 행동에 대해 매듭을 짓지 못한 채 당장 눈에 보이는 선한 행동에 대해서 칭찬을 해주는 제 모습은 과연 아이에게 어떤 영향을 끼칠까요?

정윤경 교수의 ●● 칭찬 Advice

정서적 유능성이 높은 사랑스러운 아이네요. 그래도 부모 입장에서는 야단맞을 건 맞으면서 정정당당하게 살았으면 하는 마음이 들어 걱정스럽기도 하지요. 애교를 부리는 것은 현실을 직시하지 못하는 퇴행의 일종입니다. 자신의 잘못이나 책임을 온전히 받아들이기 어려울 때는 어려서 잘 통했던 방식으로 자신을 방어하는 것이니까요.

그러므로 부모님이 중심을 잘 잡으셔야 합니다. 잘못한 것은 반드시 지적해주세요. 그렇다고 아이의 사랑스럽고 부드러운 성격이 사라지는 것은 아니에요. 꾸중을 듣고 고쳐 나가야 할 점을 아이가 인정하고 바꾸겠다고 결심한 뒤 그것을 행동으로 실천해 나가면 그때 칭찬을 해주면서 사랑스러운 행동에 대하여 반응해 줄 필요가 있습니다.

애교가 많은 아이라면 혼이 날 때도 엄마·아빠 품에 안기면서 부정적인 상황을 얼른 조기에 수습하려고 시도할 거예요. 이 경우 일단 아이를 품에서 분리한 뒤 이야기해야 합니다. 하지만 너무 한번에 확 뿌리치면 아이가 당황하고 놀랄 수 있으니 살며시 품에서 떼어 낸 다음 손을 꼭 잡고 눈을 맞춘 상태로 이야기하도록 합니다. 그리고 아이가 잘못한 부분을 알려주고 그것을 잘할 수 있도록 도와주어 아이가 해야 할 일을 완수할 수 있도록 하는 것이 중요합니다. 그다음 충분한 애정 표현을 해서 부모의 애정에 변함이 없다는 것을 믿게 해주면 됩니다.

동생을 자주 괴롭히는 우리 아이,

눈에 보일 때는 엄청 챙겨주는 척해요

아들인 첫째 아이가 요즘 들어 제가 볼 때는 동생을 잘 챙기고 살뜰히 보살피다가도 안 보이는 곳에서는 동생을 괴롭히거나 동생을 상대로 심한 장난을 칩니다. 그러다가 제게 들킨 적도 있지만, 제가 보고 있다는 것을 아는 순간 말투며 표정이며 몸짓을 싹 바꿔 마치 행사장의 도우미라도 된 듯이 살뜰히 동생을 챙깁니다. 그 순간 저를 쳐다보는 눈빛에는 칭찬을 바라는 마음이 한껏 담겨 있습니다. 칭찬받으려고 애를 쓰는 모습이 애처롭게 느껴져서 저는 그때마다 한마디라도 칭찬의 말을 건네곤 합니다.

동생이 태어나면 박탈감이 커져 이유 없는 심술을 자주 부린다는 얘기를 들어서 심하게 야단치지는 못하고 있습니다. 그렇다고 해서 엄마가 있을 때만 동생에게 잘 해주는 행동을 칭찬해줄 수도 없어 갈등이 생깁니다.

아이는 왜 굳이 내 앞에서만 동생에게 잘 해주는 척하는 걸까요? 혹시 동생에게 잘 해줄 때 칭찬을 많이 해주면 아이가 자신이 잘한 행동에 대해 자부심을 느끼면서 동생을 괴롭히는 못된 행동을 그만두게 될까요?

동생을 괴롭히는 것, 거짓말하는 것, 둘 다 바람직하지 못한 행동입니다. 이 아이의 마음속에는 동생에게 빼앗긴 부모의 사랑을 독차지하고 싶은 소망이 가득차 있습니다. 그러므로 아이는 다시 부모가 예전처럼 자기를 인정하고 사랑해준다는 것을 느낄 때까지 그런 문제 행동을 계속 보이겠지요.

이때는 부모님이 아이에게 보고 싶어하는 행동만 요구하고 관심을 가지면 안 됩니다. 그러면 아이의 문제 행동이 고쳐질 수 없습니다. 바람직한 행동을 했을 때는 물론 칭찬해주어야 하지만 바람직하지 못한 행동을 했을 때도 아이의 감정과 행동을 잘 다뤄줘야 합니다. 예를 들어 "네가 동생을 밀었니?"하며 부정적 행동에 대해 추궁하는 것은 좋지 않습니다. "호민아, 네가 동생과 함께 있다가 동생이 울었어. 동생이 왜 이렇게 넘어져서 우는지 아니? 혹시 호민이가 넘어뜨렸을 수도 있어. 솔직하게 말해봐. 괜찮아."하며 아이의 솔직한 대답을 기다려주세요. 충분히 기다렸음에도 아이가 계속 거짓말을 할 수도 있습니다. 이때는 아이의 말을 믿고 넘어가되 "엄마는 동생이 널 귀찮게 했을 수도 있고, 괴롭혔을 수도 있다고 생각해. 동생이 밉고 싫을 수도 있지. 그런데 우리 아들이 엄마한테 거짓말을 하는 건 더 좋지 않다고 생각해. 언제든 동생이 밉다고 느껴질 때면 엄마한테 얘기해주겠니?"라는 말로 대화의 여지를 남겨주세요. 그러면 아이가 혼자서 부정적 감정을 가질 확률이 줄어듭니다. 부정적 감정이 생길지라도 언제든 그런 상황에 관해 대화를 나눌 수 있고 공유할 수 있다는 것을 알려주는 것이지요.

공부에는 의욕 없고 행동은 산만한 우리 아이, 도무지 칭찬할 게 없어요

우리 아이는 정말 칭찬을 받을 만한 행동을 전혀 하지 않습니다. 뭔가를 해야 칭찬할 터인데, 뭐든지 하기 귀찮아하고 억지로 시켜서 하더라도 엉망진창으로 해놔서 화만 돋우기 일쑤입니다.

학습지를 풀라고 해도 시작하는 데만 한 시간 걸리고, 겨우 2, 3분 동안 한두 문제 풀고는 더 이상 하기 싫다고 내팽개칩니다. 끝까지 마무리하라고 야단을 치면 아무 답이나 마구 써대고는 다 했다며 책을 덮고요. 엉망으로 푼 것을 눈치챈 제가 정답을 확인하면서 하나하나 지적을 하면 머리가 나빠 공부를 못하는 것이 자기 책임이냐면서 오히려 대들곤 합니다. 그러다 보니 시험 성적은 늘 바닥이고 과제물도 형편없어 선생님 볼 면목이 없습니다.

행동은 늘 산만하고 공격적이어서 위험한 장난을 하기 일쑤이고 다른 아이들을 괴롭히는 일도 서슴지 않습니다. 보기만 해도 아슬아슬한 모습에 주위의 엄마들이 혹여나 자기 아이가 다칠까 싶어 슬슬 눈치를 보면서 피하는 모습을 보면 너무 화가 나서 아이를 야단칠 때도 있습니다.

학원을 보내더라도 가는 날보다 안 가는 날이 더 많고 저에게는 학원에 갔다고 거짓말을 하곤 합니다. 학원에 가더라도 공부에 집중하지 않고 떠

들고 돌아다니는 통에 수업 분위기만 흐려놓기 일쑤고요. 수학 학원에서는 다른 아이들에게 방해가 된다는 이유로 등원을 거부당한 일도 있었습니다.

상황이 이렇다 보니 어느 것 하나 칭찬할 거리가 없습니다. 칭찬할 것이 없으면 만들어서라도 하라고 하는데, 지어내서라도 해주고 싶지만 아무리 머리를 굴려봐도 떠오르는 칭찬의 말이 없습니다. 뭐 하나 개선의 여지가 있거나 긍정적인 면이 보이면 그것을 칭찬해주기라도 하겠는데 내 아이에게는 그런 것조차 전혀 보이지 않습니다.

우리 아이가 정말 열심히 하는 일이 있다면 오직 하나, 게임입니다. 그렇다고 게임을 잘한다고 칭찬해줄 수는 없는 노릇이잖아요. 만약에 정해진 시간 안에 게임을 끝냈으면 그것이라도 칭찬을 해주고 싶지만, 늦게까지 게임을 멈추지 않는 아이와 씨름을 할 때면 칭찬의 'ㅊ'도 떠오르지 않습니다. 게임 때문에 숙제도 하지 않고 잠을 늦게 자서 등교도 늦어지면 칭찬은커녕 화가 납니다. 칭찬하려야 할 수 없는 현실이 너무 괴롭습니다.

정윤경 교수의 ●● 칭찬 Advice

아마 좌절감을 느끼는 상황이 많았을 것입니다. '칭찬하려야 할 수 없는 현실'은 아이에 대한 분노나 좌절, 실망으로 이어질 수 있습니다. 그러나 입장을 바꾸어 생각해보면 이런 상황일 때 아이의 마음은 어떨까요? '나는 칭찬받을 게 하나도 없는 애야. 칭찬을 받아 본 적이 없어.'라고 느낄 아이의 마음은 어머니보다 더욱 힘들 것입니다. 어쩌면 '나는 무얼 해도 안 되는 애야. 내가 해봐야 얼마나 하겠어.'라는 생각으로 이미 자포자기한 것은 아닐까요?

아이에게 아무런 칭찬할 거리가 없다는 것은 좀 놀랍습니다. 분명 아이에게 칭찬을 할 수 있는 기회는 많았을 것입니다. 아이가 처음으로 걸음마를 했을 때, 아이가 처음 "엄마"라고 말했을 때, 스스로 수저를 들고 밥을 먹었을 때, 혼자 옷을 입었을 때 등 아이는 보통 아이들과 같은 발달 과정을 겪으며 성장해 왔습니다. 칭찬은 꼭 무슨 상을 타야지만 할 수 있는 것이 아닙니다. 아이가 정말 열심히 하는 오직 하나의 일, 즉 게임에 대해서도 칭찬해 줄 수 있습니다. 정해진 시간 동안 게임을 하고 있을 때 하지 말라고 눈치 주고 잔소리하는 엄마가 있는가 하면, 같이 공유하고 칭찬해주는 엄마도 있습니다. 아이라면 누구나 후자의 말을 더 듣고 이야기를 나누고 싶을 것입니다. 아이가 좋아하는 게임에 대해 긍정적인 대화를 나누다보면 그동안 아이와 상처가 되는 말을 주고받아 감정적으로 상한 관계까지 회복할 수 있을 것입니다.

칭찬할 때는 큰 것만 보면 안 됩니다. 처음 아이를 가졌을 때 아이가 무사히 잘 태어나기만 했으면 좋겠다고 소망하던 모습을 떠올려 보세요. 그걸 떠올린다면 지금 아이가 별문제 없이 건강하게 학교에 다니고 있는 것만으로도 칭찬할 수 있는 것들이 많을 것입니다.

우리 아들은 하는 짓이 얼마나 예쁜지 함께 있으면 내 눈길은 그 녀석 하는 행동만 졸졸 따라다니게 됩니다. 남편도 저와 다를 바 없어 아이만 보면 '아이고 예뻐라', '아이고 잘했네'를 연발합니다.

무녀독남이라서 그런지 몰라도 눈에 넣어도 아프지 않을 만큼 사랑스럽기만 합니다. 그러다 보니 아주 사소한 일을 혼자서 해내더라도 그것이 그렇게 기특하고 고마울 수가 없어요. 예를 들어 유치원에 갔다온 뒤 양말을 혼자 벗고 있을라치면, 당연한 일인데도 그 모습이 너무 대견해서 칭찬을 아끼지 않습니다. 밥을 혼자 먹는 것도 대견스러워 칭찬해대고요. 혼자서 장난감을 갖고 노는 모습만 봐도 그렇게 대견할 수가 없습니다.

사소한 일 하나하나 칭찬하는 것이 좀 호들갑스러운 것이 아닌가 싶어 걱정되기도 합니다. 너무 요란스러운 칭찬이 아이에게 좋지 않은 영향을 끼칠 수도 있다는 생각에 자제하려고 노력하기도 하고요. 그러나 막상 어떤 행동을 하는 아이를 보면 너무 귀엽고 기특해서 저도 모르게 칭찬의 말이 쏟아져 나옵니다.

평소에 칭찬도 많이 해주고 스킨십도 많이 하다보니 아이도 자신이 많은 사랑을 받고 있다는 사실을 인지하고 있는 듯합니다. 그래서 엄마·아빠가 뭔가 마음에 들지 않는 행동을 하거나 자신의 요구 사항을 들어주지 않았을 때 반항의 의미로 하는 말이 "그럼 내가 뽀뽀 안 해줄 거야."입니다. 자신을 너무나도 사랑하는 엄마·아빠에게 그것이 얼마나 무서운 협박(?)인지 잘 알고 있는 모양입니다.

그러다 보니 엄마·아빠뿐만 아니라 주변 모든 사람도 자신을 가장 사랑해 주었으면 하는 바람이 있는 것 같아요. 얼마 전 유치원에서 여섯 살 반으로 진급한 아이가 새로 만난 선생님과 인사를 나누자마자 가장 먼저 한 말이 "선생님, 이 중에서 누가 제일 좋아요?"입니다.

선생님이 모두 다 똑같이 좋다고 하자, 기회가 날 때마다 선생님 손을 쓰다듬거나 특유의 눈웃음을 지으며 눈을 마주치더니 다시 "선생님, 이 중에서 내가 제일 예쁘지요?"라고 물어본다고 해요. 제가 아이에게 너무나 과한 사랑, 너무나 과한 칭찬을 하고 있는 것일까요?

정윤경 교수의 ●● 칭찬 Advice

앞의 사례와는 정반대의 경우네요. 아이의 사소한 행동, 말 하나에도 부모님이 예뻐해 주고 자랑스러워하면서 적극적으로 사랑을 표현했나 봅니다. 이러한 아이들은 스스로에 대한 자긍심이나 자신감이 대단합니다. 아이가 자신에 대해 긍정적인 이미지를 갖고 있다는 것은 상당히 좋은 일이라고 생각됩니다.

아마도 어머니는 아이가 세상에서 자신이 최고가 될 수 없다는 것을 깨달았을 때, 다른 사람에게 부모님만큼의 사랑을 받을 수 없을 때, 무언가를 잘하지 못해 냉혹한 평가를 받아야 하는 상황이 올 때 아이가 좌절을 느끼진 않을까, 힘들어하진 않을까 걱정하고 있는 것 같습니다.

혹시 아이에게 못하는 것도 잘한다고 칭찬해주거나, 좋은 점에 대해서만 칭찬을 하고 있지는 않나요? 아이의 부족함이나 한계를 느끼고 알려주는 것 또한 어머니의 몫입니다.

어머니는 곧 아이의 거울입니다. 아이가 어려워하고 힘들어하고 부족하고 못난 상황 또한 함께 공유하고, 인정하기 싫을 정도로 밉고 부족한 부분도 함께 채워 나갈 수 있도록 도와주세요. 어머니의 큰 사랑으로 아이는 자신의 부족한 점을 느끼더라도 그것을 잘 극복하고 배워 나갈 것입니다.

매일 반복 행동을 하는 우리 아이,
계속 칭찬하는 것이 어려워요

평소 육아서를 많이 읽는 사람으로서, 칭찬이 얼마나 중요한지도 잘 알고 있고 어떻게 칭찬하는 것이 바람직한지도 잘 알고 있습니다. 그래서 일상생활에서 늘 그것을 실천하기 위해 노력하고 있고, 그런 나의 노력이 두 아이에게 좋은 영향을 미쳤는지 아이들은 긍정적이고 적극적인 아이로 성장해 나가고 있습니다.

칭찬을 해주면 아이들은 더욱 잘하려고 노력하고 더 자주 보여주기 위해 애를 씁니다. 그런데 새로운 것을 보여 주면 흥미를 보이며 바로 칭찬을 하지만, 똑같은 상황이 반복되면 나도 모르게 무감각해지고 질려서 칭찬하기가 어려워집니다.

딸아이가 요즘 문화센터에서 발레를 배우는데, 일주일에 한 번 배우는 거라서 한 동작을 배워오면 일주일 동안 그것을 부지기수로 보여줍니다. 바쁠 때는 아이의 모습을 제대로 보지 않은 채 입으로는 의례적으로 잘한다는 말을 연신 해댑니다. 그러면 아이는 일부러 내 앞으로 와서 다시 한번 이런저런 동작을 보여줍니다. 며칠 전, 솔직히 같은 동작을 반복해서 보는 것이 지겹기도 한 데다 다른 일로 신경이 곤두서서 저는 하지 말아야 할 말을 하고 말았습니다.

"이젠 그만 좀 해. 지금까지 몇 번이나 봤는지 알아? 정 보여주고 싶으면 바쁜 일 끝나고 보여주던가."

그러자 아이는 무안한지 잔뜩 어색한 미소를 지으며 화장실로 가버렸습니다. 그 모습이 안쓰럽기도 하면서, 그래도 알려줄 것은 정확히 알려줘야 한다는 마음이 뒤죽박죽 되어 마음이 무겁습니다.

다른 엄마들은 아이가 매번 똑같은 것을 보여줘도 한결같이 칭찬해주고 있을까요, 아니면 저와 같은 고민을 하고 있을까요?

매번 똑같은 것을 보면서 한결같이 칭찬해주기는 힘들겠죠. 다른 부모님들도 같은 고민을 하고 있을 것입니다. 그런데도 아이가 잘하고 싶은 마음에, 인정받고 자랑하고 싶은 마음에 하는 행동인 것을 아니까 그야말로 의무적으로 칭찬을 해주는 것이겠지요. 또 부모님이 관심 없다는 표현을 하면 아이가 상대적으로 동기도 약해지고 다시는 다른 사람에게 무언가를 자랑하고 보여주려고 하지 않을까 하는 염려 때문일 수도 있습니다.

그런데 바쁘거나 마음이 심란할 때는 아무리 노력해도 아이에게 한결같은 칭찬과 박수를 건네주는 것은 어렵습니다. 그렇다고 해서 죄책감을 느낄 필요는 없습니다. 칭찬은 마음에서 우러나올 때, 그러니까 진심으로 칭찬하고 싶은 마음이 들었을 때 그 마음 정도만 표현하고 칭찬하고 박수 쳐주는 것이 좋으니까요. '한결같이 칭찬을 해야 한다.'라는 의무는 그 어디에서도 없습니다.

그렇지만 칭찬하고 싶은 생각이 들지 않을 때라도 오늘처럼 화를 내서는 안 됩니다. 아이는 칭찬의 크기나 횟수로 성장하는 것이 아닙니다. 자신이 노력한 바에 대해서 부모님이 알아주는 것에 자부심을 느끼고 동기를 가지면서 성장하는 것입니다. 그러니 아이에게 엄마의 진심을 담아 부탁을 해보세요. 아이들은 우리의 생각보다 훨씬 성숙합니다. "엄마가 지금은 일을 좀 해야 하니 혼자서 연습하고 있을래?" 또는 "엄마가 지금 바빠서 네 춤을 신경 써서 보기 어려워. 엄마는 지금은 다른 일이 많아서 집중해서 보진 못하지만 아무리 바빠도 언제나 너를 마음에 품고 생각하고 있어."라고 말하면서 가끔은 거꾸로 "오늘 엄마에게 보여줄 거 없니?"라고 물어보며 엄마의 칭찬 욕구를 드러내는 것도 효과적입니다.

과정은 엉망인데 결과는 우수한 우리 아이, 어떻게 칭찬해야 할지 모르겠어요

아이가 초등학교 5학년인데도 아직 제 앞가림을 잘하지 못합니다. 학교나 학원에 갈 때도 준비물과 교재를 일일이 챙겨줘야 하고, 숙제나 많거나 시험을 앞두고 있을 때에도 만화책이나 TV에 빠져 시간 가는 줄 몰라요. 시간관리도 잘하지 못해서 학교 가는 시간, 학원 가는 시간, 심지어는 친구들과의 약속 시간도 옆에서 일일이 챙겨줘야 해요.

뿐만 아니라 주변정리도 제대로 못해서 방이 늘 도깨비 나올 것처럼 산만하니 교과서나 학원 교재도 어디에 뒀는지 한참 찾으며 시간을 낭비하곤 해요. 답답한 나머지 제가 같이 찾아주면 어디 구석에서 나타나기도 하지만 가방 안에 들어있던 것을 찾지 못했던 적도 많아요. 그런 모습을 보면 너무 한심하고 답답해서 잔소리가 안 나올 수가 없어요.

그래도 시험을 보면 매번 100점이에요. 이맘쯤 되면 아이들이 수학을 어려워하기 시작한다는데, 우리 아이는 아직까지 그런 어려움 없이 거의 매번 100점을 맞습니다. 영어학원에서도 가장 상위 레벨의 반에서 공부를 하고 있는데, 영어 역시 시험에서 늘 고득점을 받습니다.

과정은 엉망인데 결과는 우수한 아이에게 칭찬하는 말을 해도 될까요?

과정이 엉망인 아이가 결과가 아주 좋다는 게 믿어지지 않지만, 이런 아이의 경우 좋은 성적이 꾸준히 이어지기는 힘들어요. 이 아이는 무조건 100점만 맞아 오면 된다는 생각을 할 수 있는데, 이는 평소 부모의 말이나 태도로 인해 자연스럽게 평가 목표를 갖게 되었기 때문입니다. 아마도 그동안 부모가 은연중에 시험에서 100점 맞는 것이 가장 중요하고 행복한 일이라는 메시지를 전달한 것이 아닐까 생각됩니다.

이런 아이는 좋은 결과를 얻었더라도 그것에 대해 칭찬을 해주면 안 됩니다. 특히나 100점을 맞았다고 해서 칭찬하는 것은 무조건 금물입니다. 시험에서 100점을 맞아오더라도 무심한 반응으로 일관하되, 그 대신 아이가 가끔씩 보여주는 성실한 행동에 대한 관심을 보이고 칭찬을 아끼지 말아 주세요.

또 아이를 대신해서 일일이 챙겨주는 것은 당장 중지해야 합니다. 부모가 일일이 챙겨주는 것을 먼저 고치지 않으면 어떤 방법을 쓰더라도 아이의 생활 습관은 제자리걸음일 것입니다. 반드시 아이의 일과 부모의 일은 구분하고 아이가 자기 일을 스스로 수행했을 때 관심을 두고 격려해주세요.

과정에 충실하고 성실하게 자기 일을 해 나가는 주변 아이를 칭찬하고 존중해주는 것도 도움이 될 수 있습니다. 그러나 이 방법은 수위 조절을 잘못했을 경우 오히려 역효과를 가져올 수 있으므로 피치 못할 경우가 아니라면 사용하지 않는 것이 좋습니다.

유치원에 다니는 우리 아이는 미술 활동에 대해 전혀 관심이 없는지 모든 것이 엉망이에요. 물감을 주면 온갖 색을 다 섞은 뒤 붓에 묻혀 스케치북에 쓱쓱 문지르기만 합니다. 그것이라도 좀 진득하니 하면 좋은데 붓으로 몇 번 쓱쓱 문지른 다음 휙 던지고는 다른 것을 하려고 해요. 고무찰흙을 주어도 모든 색을 다 합쳐 덩어리로 만든 뒤 몇 번 조물거리다가 어딘가에 휙 던져버리곤 해요.

얼마 전에 제가 사는 곳에 아주 유명한 미술학원이 생겼거든요. 퍼포먼스 중심의 창의적인 미술활동을 한다는 곳으로 소문이 나서 생긴다는 소식을 듣자마자 주변 엄마들과 함께 상담 예약을 하고 체험수업을 신청했어요. 다른 아이들은 신이 나서 선생님이 해보자는 것을 이것저것 해보면서 연신 깔르르 웃음을 터트리더라고요. 그런에 우리 아이는 그 모습을 멀뚱하니 쳐다보고 있다가 슬그머니 제게 와서 집에 가고 싶다고 조르더군요.

또래 아이들은 미술 활동을 하면 알록달록 예쁘게 마무리하곤 하는데, 우리 아이는 왜 정성스럽게 무언가를 완성하는 것을 좋아하지 않을까요? 미술 활동이 아이의 창의력을 발달시키고 정서 발달에도 도움이 된다고 해서 아이가 자주 즐겁게 했으면 좋겠는데 왜 제 마음을 몰라주는 걸까요?

정성을 다해 뭔가를 세심하게 만들어 가고자 하는 마음이 없는 아이는 원래부터 세심한 성격이 아니거나 아니면 불안감이 높은 아이일 가능성이 있습니다. 또 부모에게 불만이 있어 이런 성향을 보이기도 하고, 미술 작품에 자신이 없어 다른 아이들만큼 잘할 수 없다는 생각 때문에 그냥 망쳐버리기도 합니다.

이런 아이의 경우는 아주 작은 작품이라도 스스로 만들어 완성해 나가는 기쁨을 만끽할 수 있도록 해야 합니다. 또한 아이가 작품을 완성했을 때는 어른이 함께 축하해줘야 합니다.

특히 이 경우처럼 여러 가지 색을 한꺼번에 섞는 아이들은 처음부터 많은 색을 주지 말고 한두 가지만 가지고 작품을 만들도록 하는 것이 좋습니다. 그러다가 서서히 한 가지씩 색을 늘려가면서 여러 가지 색을 조화롭게 배합하고 나열해야 더 아름다운 작품이 될 수 있다는 것을 알려주는 것이 좋습니다.

우리 아이는 어떤 것을 처음 배울 때 자신이 쉽게 그 일을 할 수 없으면 막 짜증을 내고 어떤 때는 울음을 터트리기도 합니다. 얼마 전에는 발목 줄넘기를 하는데 몇 번 해보더니 잘 안 되니까 갑자기 하기 싫다고 발목 줄넘기를 던져버리더라고요.

그래도 격려를 하며 연습을 시키면 열심히 하기는 해요. 도전 의식은 있는 것 같은데 그것이 잘 안 되면 스트레스를 많이 받는 것 같아요. 그러다가 만약 성공하게 되면 그것을 마지막으로 더 이상 안 하려고 하고요.

그런데 동생에게는 전혀 그런 면이 없거든요. 틀리고 못하고 실패해도 금세 헤헤 웃으며 다시 도전합니다. 혹시나 동생과 경쟁을 붙이면 그런 면이 사라질까 싶어서 "동생도 하는 걸 형이 못하면 돼? 동생한테 지면 안 되지." 라고 이야기한 적이 있는데 이런 자극이 아이에게 도움이 될까요?

정윤경 교수의 ●●● 칭찬 **Advice**

평가 목표를 가지고 있는 전형적인 아이입니다. 이 아이는 어떤 일을 성공적으로 잘해서 자신이 얼마나 훌륭한가를 보여주어야 한다는 생각을 하고 있으므로, 어떤 일을 잘 해내지 못했을 때 짜증을 내고 울음을 터트리는 것입니다.

평가 목표를 가진 아이들은 쉽게 결과를 얻는 것을 즐기기 때문에 어려운 것이지만 꾸준히 노력하는 과정이 필요한 과제를 힘들어합니다. 그러므로 배우는 과정 자체를 즐길 줄 아는 태도를 가르치는 것이 가장 중요합니다.

그러기 위해서는 아이가 학교 또는 유치원에서 돌아왔을 때 "오늘 배운 것 중에 뭘 잘했니?"라고 물으며 잘한 것을 칭찬하기보다는 "오늘 배운 것 중에 어떤 것이 어려웠니?"라고 묻는 것이 좋습니다. 만약 아이가 어떤 것이 어려웠다고 대답한다면 그걸 어떻게 극복하고 어떻게 해결했는지를 물어봅니다. 만약 아이가 한 일 중에서 잘한 것이 있으면 함께 기뻐해주고 격려해주어야 합니다.

이와 같은 기질을 가진 아이는 절대 다른 아이와 비교해서는 안 됩니다. 평가 목표를 가진 아이에게 있어 남과의 비교는 좌절감을 안겨주기도 하고 상처를 안겨주기도 합니다. 그러므로 동생과 비교하는 말은 금물입니다. 또 친구나 주변 지인들과 비교하는 말도 아이를 더욱 좌절하게 만들 뿐입니다. 또 아이가 무언가를 할 때 '네가 얼마나 잘하는지 한번 보자.'라는 식의 태도는 아이에게 큰 부담이 되므로 '한번 네 마음대로 한껏 즐겨봐라.'라는 태도를 보여주어야 합니다. 평소 따뜻한 대화를 통해 실패가 삶에 있어 얼마나 중요한 역할을 하는지에 대해서 자연스럽게 알려주세요. 실패나 어려운 과정을 극복하지 않으면 절대 아무것도 이룰 수 없다는 사실도 인식시켜주어야 합니다.

과정이 없는 아이,
어떻게 칭찬해야 할까요?

초등학교 3학년인데 아직도 엄마가 도와주지 않으면 아무것도 하지 않으려고 해요. 가방을 챙기고 물건을 정리하는 것뿐만 아니라 숙제도 제가 거의 다 도와주고 있어요. 며칠 전에는 학교에서 만들기 작품을 다 완성하지 못해 가져왔는데 그것도 하기 싫다고 징징거려서 어쩔 수 없이 제가 다 마무리해서 학교로 다시 보냈네요. 과정을 칭찬해야 한다면 과정이 있어야 할 텐데, 우리 아이처럼 과정이 없는 아이는 어떻게 해야 할까요?

더불어 아이가 어떤 일을 스스로 할 수 있도록 동기부여를 할 수 있는 방법도 알려주세요. 아무것도 하고자 하는 의욕이 없어 보여서 답답한 마음이 들다가도 어느 때는 가엾은 마음이 들기도 합니다.

정윤경 교수의 ●● 칭찬 **Advice**

스스로 시작하지 못하는 아이는 대개 자기주도성이 낮고 불안감이 높거나 겁이 많은 아이일 가능성이 큽니다. 이런 아이에게 가장 중요한 것은 무언가를 잘하는 것보다 스스로 시작할 수 있는 용기를 주는 것입니다.

그러기 위해서는 부모와 아이가 함께 계획을 세우는 것이 중요합니다. 물론 계획을 세우기 전에 아이가 어떤 생각을 하고 있는지 충분히 이야기를 나누고 아이가 실천할 수 있는 일 위주로 계획을 세우는 것이 좋습니다. 자기주도성이 낮아 스스로 과제를 수행하지 않는 아이도 있지만, 계획의 난도가 너무 높아 아이가 차마 어느 것부터 어떻게 손대야 할지 몰라 과제를 수행하지 못하는 경우도 있습니다.

엄마의 눈에는 아이가 혼자 할 수 있는 일이 아무것도 없다고 생각될지 몰라도 아이의 마음, 아이의 눈높이를 충분히 고려한다면 아이가 스스로 수행하거나 노력할 수 있는 부분이 분명히 있을 것입니다.

계획을 다 세웠다면 계획을 이행하기 전에 다짐의 시간을 갖습니다. 그리고 아이가 계획을 이행하는 과정에서는 지치지 않고 계획한 대로 꾸준히 실천해 나갈 수 있도록 많은 격려를 해주어야 합니다.

계획도 과정이라는 것을 잊지 말아야 합니다. 아이가 나름의 계획을 세웠다면 "고민을 해 봤구나. 계획을 잘 세웠다."라고 말하며 반드시 아이의 노력을 칭찬해 주어야 합니다. 과정이 없고 스스로 하지 못하는 아이에게는 "엄마가 뭘 도와주었으면 좋겠니?"라고 물어 보고, 그것을 생각해 내도록 유도하는 것이 중요합니다. 혼자 하지 못하더라도 누군가에게 어떤 부탁을 하고 어떻게 진행을 해야 할지를 생각하는 것만으로도 큰 훈련이 됩니다. 아이의 부탁을 잘 받아주고, 아이가 스스로 생각한 부분 중 좋은 아이디어를 칭찬해주면 됩니다.

아무리 칭찬을 해도 발전이 없는 아이,
어떻게 해야 하나요?

저는 아이가 어렸을 때부터 줄곧 노력과 과정에 대해 칭찬을 해왔어요. 그런데 이론에 따르면 노력에 대해 칭찬하고 과정에 대해 칭찬하면 아이가 점점 발전하는 모습을 보여야 할 것 같은데, 우리 아이는 늘 제자리걸음이에요. 어릴 때부터 지금까지 달라진 것 없이 학습에 관심이 없고 결과에도 무던 것 같아요. 이럴 경우에는 어떻게 해야 할까요?

심윤경 교수의 ●● 칭찬 Advice

이런 고민을 하고 있는 부모가 의외로 많을 것입니다. 칭찬하기에 앞서 아이의 강점과 약점부터 파악하는 것이 필요합니다.

기질적으로 느린 아이들은 아무리 노력에 대해 칭찬을 해주어도 그 결과가 아주 미미할 수 있습니다. 기질적으로 느린 아이들은 오래 공부하기 때문에, 또는 참을성이 많기 때문에 과제를 수행하는 과정이 길어지는 것이 아니라 원래부터 어떤 문제를 해결하는 데 시간이 오래 걸리는 것입니다. 이런 아이들에게 과정을 칭찬하는 것은 느릿하게 행동하는 부분에 대해 칭찬하는 꼴이 되고 맙니다. 이럴 때는 과정에 대한 칭찬보다는 어떤 과제를 정해진 시간 안에 수행했을 때 칭찬하는 것이 훨씬 효과적입니다.

사실 느린 아이들은 행동이 느리다는 단점이 있지만 그 대신 신중하고 꼼꼼하고 차분하다는 장점이 있어요. 제 딸도 느린 기질이어서 모든 행동과 준비가 느립니다. 스타킹을 신는 데도 10분이 넘게 걸릴 정도이지요. 오랜 시간이 걸려 임무를 완수한 아이를 보면 결과가 좋더라도 답답해서 성질이 나곤 합니다. 그래서 빨리하라고 야단치고 싶은 마음이 굴뚝같지만 생각, 결정, 행동, 불안, 잘해야 한다는 강박은 느린 아이들을 더욱 힘들게 하므로 야단친다고 해결될 문제가 절대로 아니에요.

그러니 장점을 찾아 칭찬해주세요. '고민을 많이 했네, 신중하게 결정하느라고 고생했네, 꼼꼼하게 잘도 했네' 등과 같이 신중하고 차분한 아이의 행동에 초점을 맞춰 칭찬해주면 아이도 자신의 문제를 스스로 인식하게 됩니다. 이때 "어떻게 하면 다른 사람이랑 시간을 잘 맞출 수 있을까?"라고 물어본 뒤 아이가 계획을 대답하면 칭찬해주고, 그 계획을 실천하여 아이의 행동이 조금씩 빨라지면 다시 칭찬해줍니다. 이렇게 칭찬을 계속해주면 아이의 타임 기술이 점점 발달할 것입니다.

기질적으로 온순하고 착한 아이의 경우는 부모에게 인정받기 위해 노력하는 모습을 보입니다. 그래서 다른 생각을 하면서 책상 앞에 오래 앉아 있기만 한다든가가 아무 효과가 없는 과정을 무의미하게 되풀이하는 모습을 보이기도 합니다.

노력과 과정을 칭찬하는 부모의 태도에 문제가 있을 수도 있습니다. 무조건 열심히 하는 모습을 보였다고 해서 과정에 충실했다고 볼 수 없고, 많은 문제를 풀었다고 해서 큰 노력을 했다고 볼 수도 없습니다. 과제를 해결하기 위해 효율적으로 노력한 사람만이 과정을 칭찬받을 수 있는 자격이 있습니다.

그러므로 과정을 칭찬할 때는 반드시 아이의 특징, 능력 수준, 지금 하고자 하는 것 등을 정확하게 파악한 뒤 어떤 계획을 세워 어떻게 진행하는 것이 좋은지 대한 구체적인 생각이 있어야 합니다. 그리고 아이가 그것을 잘 수행했을 때 과정과 노력에 대해 칭찬을 해주어야 효과를 거둘 수 있습니다.

수줍음이 많은 아이는 사회적 민감성, 다시 말해 다른 사람의 평가에 아주 민감하고 두려워하는 기질을 가진 아이입니다.

이런 아이들은 다른 사람의 인정을 받는 칭찬을 너무나 필요로 하고 좋아하기도 하지만, 너무 갑작스럽거나 과장되거나 강한 자극으로 다가오는 칭찬은 부담을 느껴 싫어하는 양가성을 갖습니다. 따라서 이런 아이들에게는 칭찬도 조심스럽게 다가가야 하지요. 과장해서도 안 되고 다른 사람 앞에서 너무 강하게 반복적으로 드러내서도 안 됩니다. 아이가 잘한 부분을 세심하게 탐지해서 조곤조곤 이야기하는 것이 좋습니다. 아이가 당황하지 않도록 둘만 있을 때 넌지시 칭찬을 전하는 것도 좋은 방법입니다.

특히 이런 아이들이 느끼는 마음에 공감하면서 성취를 축하하면 효과를 톡톡히 볼 수 있습니다. "아까 많이 떨렸을 텐데, 또박또박 발표한 모습이 참 멋있었어.", "네 그림을 보여주었을 때 사람들이 감동하는 것 같더라." 하는 식으로 다른 사람의 평가에 민감한 아이에게 용기를 주는 칭찬도 도움이 됩니다.

이런 아이들은 장점이 많습니다. 조심스럽고 혼자 있어도 힘들어하지 않고 집단에서 큰 문제를 일으키지 않기 때문에 부모 입장에서는 답답하지만 선생님들에게는 인정받는 경우도 많습니다. 아이가 수줍음을 극복하려는 노력도 칭찬해야 하지만, 수줍음 자체를 예쁘게 인정하는 칭찬도 필요합니다. "아이들 모두 무서워했는데, ○○이는 조심스럽게 상황을 잘 살펴봤네."처럼 아이의 성향 덕분에 드러나는 좋은 점을 찾아 칭찬의 말을 건네주세요.

주의가 산만하고 행동이 과한 아이들의 가장 큰 아픔은 평소에 칭찬보다는 꾸중을 훨씬 더 많이 듣는다는 것입니다. 그래서 열등감과 우울감에 시달릴 수 있습니다. 실제로 ADHD로 진단받은 아이들 중 우울증을 동반하는 경우가 많습니다. 그런데 이 아이들은 오히려 다른 사람에게 더 관심을 보이고 도움을 주려고 시도합니다. 그래서 사실 다른 사람의 관심과 인정을 통해 마음의 지지와 위로를 더 많이 받아야 합니다.

이런 아이일수록 더 많은 칭찬이 필요합니다. 관심과 애정을 가지고 관찰하면 선한 의도, 작지만 의미 있는 성취를 찾아낼 수 있습니다. "선생님을 도와주려고 했구나. 고마워."하는 칭찬을 건네든가, 행동을 잘 조절해서 성공적으로 마무리하도록 도와준 후 축하하는 것도 좋습니다. "그쪽을 잘 잡고 돌리니까 멋지게 만들어졌지?"라는 식으로 방법을 미리 알려주고 완수하게 유도하는 것입니다. 규칙을 미리 알려주고 그것을 지켰을 때도 칭찬합니다. 또 아이가 경험을 마음속에서 정리하고 이야기하는 모습을 보였을 때는, 반드시 긍정적 피드백을 주어야 합니다. "아까 했던 거 다시 한번 정리하니까 참 좋다.", "어떻게 그걸 순서대로 다 기억했니? 수고했어." 외적 자극이나 활동에 익숙한 아이들에게 마음을 여행하는 것의 즐거움을 알려주는 칭찬은 이 아이들을 키우는 최고의 칭찬이 됩니다.

무엇보다 어른의 인정을 자주 받지 못한 이 아이들에게는 부모가 '우리 OO이 사랑해, 고맙다, 자랑스럽다, 좋았어'와 같이 포괄적이지만 애정을 담은 칭찬을 해주는 것도 효과적입니다.

고집 센 아이들은 선호가 분명하고 자기주장이 강하며 싫거나 마음에 들지 않으면 강한 저항을 보입니다. 아마도 사회 적응에 가장 큰 어려움을 가지고 있는 아이들일 것입니다. 아이를 가장 사랑하는 부모도 아이의 고집과 강한 반응에 적응하기 어려운데, 집 밖에서 어떨지 상상해보면 그 어려움이 이해될 것입니다.

무엇을 칭찬할까 싶을 수도 있지만 이 아이들에게도 장점은 많습니다. 스스로 하겠다는 의지가 강하고 일단 원하는 것을 선택했을 때는 강한 집중력을 보이기도 합니다. 따라서 이 아이들을 칭찬하기 위해서는 스스로 선택하고 혼자 하는 것을 기다리고 인정해야 합니다. 부모가 먼저 아이를 통제하거나 선택을 강요해서는 안 됩니다. 아이의 선택이 마음에 들지 않더라도 아이가 시도해 보도록 격려하고 아이 스스로 한 결과가 부모에게는 만족스럽지 않더라도 그 결과를 아이 스스로 체험할 수 있도록 지켜봐야 합니다.

그러면 인정하고 칭찬할 것들이 보입니다. 예를 들어 "와, 어려운 건데 도전했구나!", "개성 있는 선택이네.", "다음에는 어떤 걸 해보고 싶어? ", "우리 OO이가 이런 걸 좋아하는구나.", "힘들었을 텐데, 끝까지 잘 버텼어."와 같은 칭찬의 말을 해줄 수 있습니다.

이러한 칭찬은 이 아이들이 가진 강점인 끝까지 자기 목표를 달성하는 인내와 끈기를 키우고 용기 있게 도전하는 마음을 키울 것입니다.

☺ 아이에게 약이 되는 칭찬들

과정에 대한 칭찬

"좋은 아이디어야."

"계획을 참 잘 짰구나."

"밑그림을 잘 그렸네."

"현명한 결정이다."

"정리를 잘했네."

"이건 네가 그동안 준비를 잘해온 덕분인 것 같아."

"이 문제의 해결책을 잘 찾아냈구나."

"결과가 안 좋았지만 네가 원래 의도했던 건 참 좋은 일이었어."

"엄마는 네가 연주하다가 실수하는 걸 고치고 다시 하는 모습이 정말 좋아 보였어."

과정이면서 구체적인 칭찬

"이 부분이 참 예쁘다, 잘했다."

"어려운 고비를 잘 넘겼구나."

"지난번엔 이 부분이 잘 안 됐는데, 드디어 이 부분이 깔끔하게 완성됐구나."

"오답을 검토해서 스스로 약한 부분을 찾아내는 네 실력에 놀랐어."

통제 가능한 것에 대한 칭찬

"열심히 노력하더니 잘했구나."

"끈질기게 노력한 것만으로도 대단하다."

"이렇게 해주어서 참 고마워."

"어려울 거로 생각했는데, 하나하나 차분히 하더니 결국 해냈구나."
"이건 지난번보다 더 독창적이고 노력을 기울인 작품으로 보여."

"네가 시도한 방법이 참 효과적이야."
"이 그림은 색깔이 참 근사하네."
"너는 이런 일을 참 잘하는구나."
"다른 사람의 의견을 참 잘 조합했구나."
"화장도 예쁘게 잘했네."
"옷 색깔을 참 잘 맞춰 입었네."
"개성있는 선택이야."
"네 눈에는 이런 게 보이는 구나. 대단해."

😠 아이에게 독이 되는 칭찬들

평범하고 일반적인 칭찬

"좋아."

"잘했어."

"아주 훌륭해."

"상을 받다니 정말 대단하다."

평가와 비교가 있는 칭찬

"○○보다 네가 훨씬 잘했다."

"형보다 네가 낫구나."

엄마 중심적인 칭찬

"엄마가 바라던 대로 돼서 너무 기쁘다."

"엄마가 하라는 대로 하니 결과가 좋지?"

"역시 물감을 좋은 걸 쓰니 그림 수준이 확 달라지는걸."

과장된 칭찬

"역시 연희는 우리 집의 피카소다."

"네 작품을 보니 넌 나중에 톨스토이 같은 작가가 되겠구나."

부모 중심적인 칭찬

"네가 운동을 잘하는 것은 다 집안 내력이야."

"역시 너는 엄마를 닮아 똑똑해."

비아냥거리는 칭찬
"이번 성적은 정말 좋다. 그런데 지난번에는 왜 이렇게 못했니?"
"네 실력에 이 정도면 충분하지."

과정보다는 결과에 치중한 칭찬
"이번 성적은 정말 좋다. 그런데 지난번에는 왜 이렇게 못했니?"
"성적이 올랐으니 소원 한 가지 말해 보렴."

평가를 의식한 칭찬
"네가 상 받은 것을 모두에게 다 알리자."
"아빠(할머니/할아버지)가 좋아하시겠다."

일반적인 칭찬
"너는 우리 집안의 자랑거리야."

부담을 주는 칭찬
"참 잘했구나. 다음엔 더 잘할 수 있겠지?"
"우리 ○○이 나중에 화가가 되면 좋겠다."
"네가 공부를 잘해서 엄마는 네가 너무 예쁘다."

꼬리가 긴 칭찬
"방을 깨끗하게 잘 치웠네. 근데 이게 얼마나 더 갈까?"

아이의 인생을 좌우하는
칭찬의 기술

진짜
칭찬

초판 1쇄 발행 2021년 4월 20일

지은이 | 정윤경, 김윤정
기획 | CASA LIBRO

펴낸이 | 박현주
책임편집 | 김정화
디자인 | 인앤아웃
표지 일러스트 | 김미선
표지 사진 | 홍덕선
마케팅 | 유인철
인쇄 | 도담프린팅

펴낸 곳 | (주)아이씨티컴퍼니
출판 등록 | 제2016-000132호
주소 | 경기도 성남시 수정구 고등로3 현대지식산업센터 830호
전화 | 070-7623-7022
팩스 | 02-6280-7024
이메일 | book@soulhouse.co.kr
ISBN | 979-11-88915-42-2 03590